新書y
067

ビールの力

青井博幸
Aoi Hiroyuki

洋泉社

もっと旨いビールが飲みたい！——まえがき

僕はビールが大好きだ。つらいときは苦しみを和らげ、楽しいときは喜びを倍増させてくれる、旨いビール。だが、それが自分の人生を変えてしまうとは思いもしなかった。

日本人は、ビールが好きだ。年間消費量は六七〇万キロリットル、大瓶に換算すればなんと一〇五億八千本！ ふだん飲むアルコールの七割をビールが占める。僕も学生の時分からビールが好きでたまらなかったし、日本のビールについて何ら疑問を持たずにひたすら楽しいビール人生を送っていた。しかし、サラリーマンになって海外を旅するうちに次第にビールに対する疑問が深まってきた。

日本ではビールといえばほとんどがピルスナータイプである。淡い黄色をしていて、キリキリに冷やしてごくごくっと喉越しを楽しむものだ。それはそれで素晴らしい飲料だが、ビールというものはそれっぽかりのものではない。ビールはもっともっと楽しいものではないのか。日本人は本当のビールの美味しさを知っているのだろうか。事実、日本人一人あたりのビール消費量（年間約一〇九本）は世界の二四位とか二五位程度で、上位のチェコやドイツではこの三倍にあたるビールが飲まれている。

サラリーマン時代に訪れた国々は、公私あわせて二五ヵ国、行く先々でその土地のビールを飲んだ。そして本場、ヨーロッパ諸国でさまざまなビールに出会い、僕は果てしないショックを受けた。それはブリュッセルで飲んだワインのような高アルコール度の香り高いアビーであり、ミュンヘンで味わった濁ったバイツェンであった。「こんなビールもあったのか……」ビールに対する考え方が、まったく変わってしまったのだ。訪れる町が違えば違うビールが楽しめる。同じ町でも隣のパブにはまた別のビールがおいてある。たまには「はずれ」もあるけども、それが好きな人もいるのだなぁとなぜか素直に納得できる。それは、長い伝統の中で培われてきた「ビール」という途方もなく厚みのある食文化が放つオーラのように思えた。

今度またこの町に来たら、またあの店のデュンケルを飲みたいな。ビジネスパートナーにお店の名前を聞いておこうか。いやいや、次回はまた別のお店の別のビールを試してみよう。欧州のビールは、そんなことで僕を悩ませる「憎い奴ら」なのであった。

さて、海外での任務を終えて帰国すれば、「慰労会」だ。そこで僕を待ち受けている日本のビール。人によっては、俺はキリンでないと駄目、とか、スーパードライが出て初めてビールが美味しいと思うようになったよ、などとこだわる。でも僕にはどこといって違わないように思えた。そう言っていた人たちだって、乾杯が終わるとどの銘柄だって同じように喉越しを楽しんで飲んでいる。そのお店がどの銘柄を扱っていようが、ビール会社の人以外は気にしているようには見えないのである。

マーケティングの本では、しばしば日本のビール業界の事例が紹介されている。品質が均一なマーケットであり、ブランド力を支配するものは品質ではなくイメージ。その結果として、のぼりやポスターが消費者の目に付く頻度に比例して売上が変動する、とか、コマーシャルでのインパクトの強弱で売上が左右する、ということがデータで証明されやすく、教科書には好都合な業界のようだった。僕も素直にそういった説明に納得していたのだった。

ああ、何とつまらない選択肢だったのだろうか。宣伝につられてビールを選ぶ僕らは、まるで心理学統計実験のモルモットじゃあないか。

飲み食いについて、楽しみよりも情報が優先するような風潮がはなはだしい。ポリフェノールを含んでいるからと赤ワインをせっせと飲んだりココアを買い占めたり、タウリン配合の栄養ドリンクを飲んだり。イカ焼とかタコ焼も「タウリン配合」とテレビで叫べば一時的には飛ぶように売れるという。

明日の生活に困るようなら一杯の酒も値段で選ぶだろう。極端に栄養が偏っていればメニューの栄養素を気にする必要もあるだろう。しかし、そうでない人までが情報に踊るのはなぜだろう。本当に値段にみあう価値があるか、本当に栄養として必要かということを、なぜ自分で考えないのだろう。

海外でビールを選ぶひと時には、いつも笑顔があった。その日の気温や料理に合わせて、好みのビールを探す。あるいは、「お前にはこのビールを飲ませたいと思ってね」とビール好きを標榜する僕を招待し、蘊蓄とともに陶器入りのビールを出してきたりする。そういう食卓は豊かだ。食材の値段が高いか安いか、どんな栄養があるか、なんてことは気にしない。

明日は休日。朝ゆっくり起きたら固めのパンとチーズに、あのビールで楽しもう。そうだ、あいつこのビール好きだったよな。一緒に飲むかな。そんな朝の食卓に呼び出してもらって、僕はオーストラリアの色彩鮮やかな野生のインコたちにパン切れをやりながらビールを飲んでいた。そんな食卓があることが、豊かな証しに思えた。

そういう生活を日本の友人に伝えると、「なに贅沢なことを言ってる」と羨ましがられたり、やっかまれたりした。だけど、何かおかしい。オーストラリア人から見れば、ほとんどの日本人はいまだにお金持ちだ。そういえばフランス人の友達もびっくりしていた。フランスではお抱え運転手付の人しか持たない高級バッグやアクセサリーを、東京では地下鉄の中でたくさん見かける、と。スイス人とビールを飲みながら語り明かしたときにはこんな言葉を聞いた。

「スイスは山国で大きな農場に向かないし資源もない。だから昔から男を兵隊として輸出してきたんだ。いまだに徴兵制度があって兵役は厳しい。近代になって時計などの産業が台頭し、金融でも儲かるようになって、ようやく若者を兵隊として輸出しなくてもよくなった。日本のセイコーとかカシオにスイスに来て時計をつくってもらいたいよ」

スイスも勤勉が最大の資源であることは日本と似ているらしい。しかし、彼とビールを飲むシチュエーションはやはり「贅沢なひととき」であった。

沈滞しているとはいえまだまだ経済力のある日本人が、どうして欧米やオーストラリアなどでごく当たり前の日常を羨まねばならないのだろう。いったい何が違うのだろうか。そういう疑問をもつと、ビールの視点から大きな違いが見えてきた。

第一に美味しいビールを選んで飲む、という楽しみ方の有無だ。あるひと時を過ごすのに、どんな味のビールを選ぼうか、という機会そのものが日本のビール市場には存在しないのだ。

ドイツでは、ビール醸造メーカーが一二〇〇社以上あり、一番売れているブランドであるクロムバッハーでさえ、ドイツ国内シェアはわずか四パーセント。多様であることが前提なのだ。

一方、日本のメーカーはオリオンを含めても五社しかない。銘柄としては四〇ほどあるものの、いわゆるメインブランドは目隠しテストで言い当てることが困難なほど味は似かよっている。

しかもそういったブランド単独でのシェアが全体の何十パーセントにも及んでいる。自分の、友人の「好みのビール」というキーワードが日本には存在しないのだ。これでは日本で「ビールを選ぶ」ことが楽しいひと時になろうはずがない。

第二に日本のビールの値段は高い。海外では、現地産のものは一本一〇〇円程度。日本から輸入された日本の大手メーカーのビールですら日本で買うより断然安い。これはダンピングかと思いきや、そうではなかった。酒税が異なるのだ。

もしも、まったく味の違うビールがあって、値段も倍ほど違ったとしても七〇円か一五〇円の選択というのなら、たまには高級ビールを前に豊かなひと時をすごそうという気にもなるだろう。しかしそういうバラエティもなく、三五〇ミリリットルの缶ビールの酒税だけで七八円近くもするのでは、とても豊かな気分を味わうためのアイテムにはなりづらい。酒税が国際水準に照らして高すぎるせいか、どうもビールに対してはしみったれたスタンスになっているように思えてならない。ディスカウントの酒店経営者からこんな愚痴を聞いた。

「二四本入りのビール（発泡酒）一ケースを二八九〇円で出したらどっと客がきた。しかし、数日後五キロも離れた店が二八七〇円で折込広告を出したらさっぱり客が来なくなった。一本一円の差もないんだよ」

味に差がなく、不当に高く買わされる商品のなれの果てという感さえ覚える。業界としてもつまらないが、こんな魅力のないビール市場しかない、ということはビール・ファンにとって情けない限りである。差額の二〇円で消費者はどれだけの幸福を得るのだろうか。豊かになった日本人がビールで得る幸福感をこんな程度で満足しなければならないというのは悲しすぎる。

僕は会社の派遣留学生としてフロリダ工科大学の大学院生だったことがある。そこで垣間見た、ごく普通のサラリーマンの生活。毎日深夜まで残業をすることもなく、明るいうちに家に帰って子供と遊ぶ時間が一週間も取れなければ「大問題」、上司もあわててそんな部下を帰宅させるような、人間味のある就労生活だった。まじめに働けば老後はプール付きの家にすみ、週に数回は妻とゴルフを楽しむ。そんな豊かさにあこがれていた僕はいわゆるヘッドハントの誘いを受けた。「アメリカ人になればいいじゃないか。米国大学院の卒業資格がある君がわが社に入ってくれれば、すぐに米国永住権を取得できるよう手配してあげるよ」

このオファーには心躍るものがあった。僕は勤務先への恩返しも兼ねて、卒業後三年間は日本に戻って働くことに決めていた。オファーはその後でも構わないという。日本に帰国して、お金を持てども豊かな生活の求め方もわからないでいる社会に暮らしながら、欧米との差をかみしめた。僕には、それが「ビールの楽しみ方」の相違に如実に現われている気がしてならなかった。

ちょうどその頃、規制緩和の一環として日本でも小規模のビール醸造が認められるようになった。しかし、大手メーカーによる寡占の元凶である酒税の見直しはなかった。市場原理の行き先は明るいものではなかったが、それでも、果敢に小さなビールメーカーが出始めた。ビールはもともと欧州を中心に発達した飲料なので、これらのメーカーも基本的には欧州の伝統的なビールを真似て造っている。地酒と違ってその土地伝来のものではないけれど、小さいところでしか造れないバラエティ豊かなビールができたことは、僕にとって大変嬉しいニュースだった。

しかし、巷の評判はイマイチだった。評判のよいところもわずかにあったが、要約すると、「高い。まずい」というものだ。酒税などメーカーの努力では如何ともしがたい要素もあるが、メーカー側に責任があるところも多く見うけられた。たとえば無駄な設備投資が甚だしいとか、温帯の日本の空中雑菌と北部ヨーロッパとの違いを見過ごして本来の味でないビールを造っている、などである（国内で地ビールができはじめて間もない当時の話である。すべての地ビールがそうだったわけではなく、地ビール解禁から八年たった現在では各社とも醸造技術が格段に向上し、これらの問題は解決している）。

あるとき、そんなメーカーの文句を言っていたら、友人にいさめられた。

「文句を言ったって世の中何も変わらない。不満ならそれをなくすために自分ができることを考えろ。それを自分で実行しない限り、永久に文句を言う人生になってしまうぞ」

僕の勤務先はプラント・エンジニアリング会社だった。小規模ビール工場など、新入社員でも設計できるテストプラント程度の感覚だ。確かに安く建設できるだろう。それから、まともなビールを造る自信もあった。

実は米国に滞在しているときに僕はビールをしこたま造っていたのだ。自家醸造は合法だし、米国では日本より一足早く規制が緩和され、小規模ビール工場《マイクロ・ブルワリー》が各地に生まれて、あちこちの大学にビール醸造学の講座が置かれはじめていた。僕はテキストを読みまくりつつ、醸造の腕を磨き、近所の小さなビール工場でプラント屋としてアドバイスしたり、時には作業を手伝ったりした。短期ビール醸造責任者《ブルーマイスター》養成コースに通ったこともあった。

友人のいうとおりだ。文句を言わずに自分でできることをやろう。旨いビールを僕が醸造すればいい。この日本でみんなに喜んでもらえる小規模ビール醸造会社を興そう。

米国に渡って豊かに暮らす夢のほうが現実的だったかもしれない。しかし、心の片隅に、祖国を捨てて自分だけ幸せになる……という後ろめたさもあった。日本はそれほど絶望的なのだろうか。その日に飲みたい美味しいビールを選び、好きなビールを囲んで楽しく過ごす、それだけのことも望めない国なのだろうか。いや、知らないだけ、機会が与えられなかっただけだ。ただ、さまざまな制度がごくまっとうなふつうの生活を阻んでいるのだ。

ビールを通じて、ささやかだけれども豊かな生活の喜びを広げ、豊かなる日本にふさわしい諸制度を見直していく。そうすれば、この国でも欧米諸国に負けない豊かな暮らしを実感できるようになると思えてきた。米国で豊かさを享受する人生も悪くないが、自分の夢見る豊かなる日本に変化する時代の中に生き、少しでも良いからその変化の後押しをする事業をできるのであれば、それはもっと魅力のある人生ではないか。

そんな夢を追いかけて、僕はエンジニアリング会社を退社し、小規模ビール会社を起業してしまった。

ビール製造を始めて五年目になる。

ビールに関する知識が増えるにつれ、あらためて、ビールの奥深い魅力に目を開かされるようになった。ビールを愛する方々に、それを伝えたい。現在では自社で製造するだけでなく、他社に技術提供もしている。国内外を問わず他社で造られた素晴らしいビールのことを多くの方々に知っていただきたい。そして、「もっとビールを楽しめる豊かな国」を目指してともに歩を進めていきたいと願っている。

日本のビールは、まずいのではない。もっともっと旨くなる、その途上にあるのだ。

ビールの力◎目次

第四章　日本のビール　僕のブルワリー奮闘記

第五章　ビールの美味しい科学　ビール通への道②

地図・坂田昌平

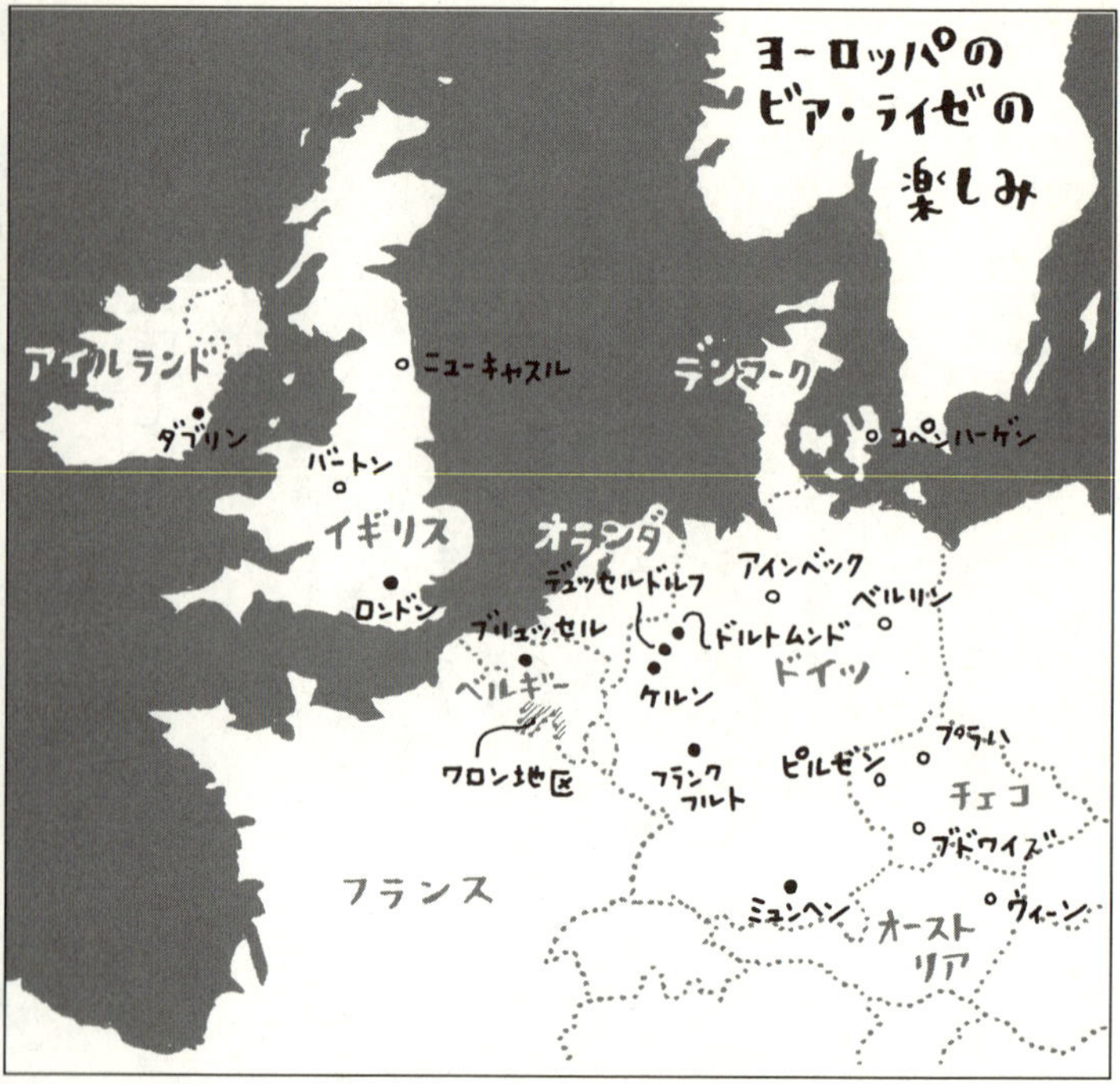

ビールで名高い街の、これはほんの一部だ。
●は僕が訪れた場所、○はまだ未訪の地。

第一章

本物のビールに出会う

ヨーロッパほろ酔い紀行《ビア・ライゼ》

カフェ・ブリュッセルにて
1989©opt/OLIOSI P（ベルギー観光局提供）

ことの始まりは、一九九〇年、カナダのトロントで行われた「国際宇宙大学」だった。

大手プラント建設会社に就職して数年後。新規事業として宇宙関連分野への進出を試みるため、ちょいと勉強して来い、と派遣されて僕は六週間の夏季集中コースに留学することになった。だが、最初の自己紹介でびっくり仰天。学生たちは世界二一ヵ国から集まった宇宙のスペシャリストばかりだったのだ。知識もギブ・アンド・テイクの世界だ。宇宙ど素人の僕など、仲間外れになりかねない。そこで、僕は勉強を二の次と決め、どんなに眠くても毎晩学内のパブに出かけることに決めた。

行ってみると、いるいる、世界二一ヵ国から集まったビール好きたちが。だがビールなら負けるものか。学内のパブに置いてある銘柄は、「カナディアン・ブルー」の通称で知られるラバット、モルソンのメジャー商品に加え、バドワイザー、クアーズ、ミラーなどの米国ビール。それらはみな、日本で飲んでいたのと同じ、喉越しの良いラガーであり、僕にはさほど違和感がなかった。「この最初の一杯がたまらないね」などと、毎晩がぶがぶビールを飲みまくった。

「カンパイ！」という日本語もビール仲間にすっかり覚えさせて、ついでに宿題の世話までしてくれる学友づくりにまんまと成功した。

ところがあるとき。ドイツ人のステファンがビールを片手に「プロースト！」と言いながらやってきた。「プロースト」とはバイエルンの正統な乾杯だというのだ。正統な乾杯？

「そう、本当のビールを飲む俺たちバーヴァリアンの言葉だ。ヒロは知らないだろう、こんなカナダのビールなんぞ本当のビールじゃないんだよ」

自分はドイツ人ではなくバーヴァリアンだ、と主張する。バーヴァリアンとはバイエルン人を指す英語だ。かつてのバイエルン王国で南ドイツに位置し、現在ではミュンヘンを中心に世界を代表するビールの街だ。そして、ビール好きならば絶対僕の故郷に来るべきだ、と言う。

「オクトーバフェストを知っているかい。ミュンヘンには無数の醸造所があるけれど、中でも大きな六社が毎年この祭りのためだけに腕によりをかけたビールを出して飲みまくるんだぞ」

市内だけで大きなビール会社が六社？ それが「大きい」とは。日本にはオリオンを含めても全国で五社しかない。この違いは何だ？ オクトーバフェストがミュンヘンのビール祭りだ、くらいはなんとなく知っていたが、ステファンの話を聞くうちに、そこがビール好きの聖地に思えてきたのだった。しまった、僕はビールのことをまだ何も知らなかったのかもしれない。

「ドイツに、そしてオクトーバフェストにいつかかならず行かねばならない」そう心に誓った。

ドイツ

■ミュンヘン——手始めのヴァイツェン、デュンケル、ヘレス……

数年後、僕はついに憧れのミュンヘンにいた。ステファンの結婚式に出席するためだ。バイエルンでは結婚式前夜、新郎新婦はそれぞれの友人たちと過ごす。僕はステファンとともに、さまざまなバイエルン自慢のビールを飲み明かした。

まず最初の一杯が、これぞバイエルンの味、とステファンお奨めのビール。

それは、ヴァイツェンだった。濁っている。泡が細かくまるでクリームが盛り付けられているようだ。バナナにも似た芳香があり、一口飲んでみると香ばしい味がある！こんなビールがあったのか！それまで「これがビール」と思っていた飲み物とはまったく異なるものだった。絶句する僕を自慢気に見るステファンの目が忘れられない。

トロントでステファンと尽きせぬビール談義をかわすたび決まって出てきた名が、このヴァイツェンだった。

「ヘーフェが入っているし、小麦を使っていることもあって濁っているんだ」

「ヘーフェ？」

「イーストだよ」

ほう、酵母が入っているのか。日本の「生」ビールは酵母を完全に濾過している。一方、まったく濾過を行わないヴァイツェンはまるでどぶろくのようだ。瓶の底のほうには酵母が溜まって白い沈殿すら見えた。なめらかな舌触りだ。ビールで舌触りまで堪能するとは想像したこともなかった。

「日本では最近、ビール酵母をわざわざ薬にしているそうじゃないか。バイエルンじゃあ、昔っからビール酵母のたっぷり入ったヴァイツェンが体によいことは常識だよ」

無濾過のにごりビール「ヴァイツェン」、恐れ入りました。

九月中旬のミュンヘンはすでに東京の真冬のよう。しかし、こんなに寒い国でも一人当たりのビール消費量が日本の三倍近いのがうなずけた。ビールは喉の渇きを潤すだけの飲料ではなかったのだ。

二軒目のお店は小さなビール醸造所に併設されたレストラン。夜なので残念ながら工場見学はできず、こちらもいい加減よっぱらいだったので、とにかくビールが飲めればいいや、という調子だった。ビールのメニューに「オクトーバフェスト」というのがあった。「おっ、これがあのオクトーバフェスト・ビールか！」と思ったが、有名なお祭りに出品されているものではないという。ここはそのお祭りに参加しない小さな醸造所だったのだ。それでも、この時期になると多くの醸造所が「オクトーバフェスト」と銘打ったビールを売り出すのだそうだ。「本物」のオクトーバフェストはまだおあずけ、ということらしい。

ここで珍しい光景を目にしてしまった。いかにも仕事帰りふうのオヤジさんが店に入ってきて、持参した蓋付きの陶器の大きなマグを預けると、なにやら店の人と親し気に話をはじめた。しばらくすると、マグになみなみ注がれたビールが手渡され、その場で一気に飲み干した。マイ・ジョッキなんて習慣が？　オヤジさんは何か言ってお金を払い、さらにもう一杯注いでもらうと、一口だけ飲んで、蓋をパタッと閉じて嬉しそうにマグを抱え店を出ていった。窓から覗くとそのまま車に乗り込んで走り去るではないか。

「何者？」

「ああ、よくあることだよ。ビールだけ買っていくんだよ」

なんと。日本でも昔は角の豆腐屋に鍋を下げて豆腐を買いに行っていたが、ビールでそんなことができるとは。このようにマグに入れてもらうパターンと、空瓶を持ってきて同じ大きさの瓶入りビールを交換で買っていくパターンがあるそうだ。さすがビールの街である。チェコでこのような買い方がある、というのは聞いたことがあったが、それは単にチェコがまだ田舎だからだと思いこんでいた。しかし、ここは大都市ミュンヘン。とんでもない間違いだった。

地元に美味しいビール屋があるかないか、そういう問題だったようだ。ああ、こんな街に暮らしたい！

翌々日の披露宴には、僕もいちおうバイエルン・スタイルの襟飾りのあるタキシードでキメてみた。が、本場バイエルンの親族たちの気合はそんなものではない。伝統的な革のジャケットと革のブーツに身を包み、朝からヴァイツェンを片手にいたるところで「プロースト！」だ。料理で気に入ったのは、ヴァイス・ヴルストという白ソーセージ。これはバイエルンでは伝統的に午前中しか食べないものだから、さっさとお食べなさいと何人かの人に言われた。あまり「肉」というしつこさがなく、香り高いヴァイツェンにはちょうど良いおつまみだ。これを午前中にしか食べない風習は、冷蔵技術や殺菌技術が未熟な頃はいたみやすい食べ物だったために生まれた。現在では街中で真空パックも見かけるが、本場のバイエルンっ子としては、午後にこれを食べるのはあくまで邪道なのだ。

伝統衣装やブラック・タイのバイエルン紳士たちも、いったん飲みだせば万国共通のよっぱらいだ。僕が嬉しそうにヴァイツェンの瓶からラッパ飲みしていると、呑んべえの大男たちの輪に当然のごとく引きずり込まれた。

「バイエルンに来たら、デュンケルを飲まなきゃウソだ」

完全にできあがっている新郎の父に薦められた。「デュンケル」とはドイツ語で「黒」、つまり黒ビールである。「今、世界で主流になっているラガーは、十五世紀の後半にこの地方で造られていたビールが最初なんだよ」

その頃から造られていたのがこのデュンケル。お父さんは、わがバイエルンこそがすべてのラガー・ビールの発祥地だと強く主張したかったらしい。

ビールの色が黒くなるのは、原材料の麦芽のローストが深いからだ。十九世紀頃までは比較的深いローストの麦芽しかなかったので、ラガー誕生から数百年は、ある意味すべてデュンケルだったのだ。醸造所ごとにさまざまな味のデュンケルがあるのだが、たまたまそこで出されていたデュンケルはホップの苦味がかなり効いていた。デュンケルの特徴である焙煎の効いた麦芽のカラメル香とよくマッチして伝統を感じる味わいだ。

僕は苦いビールも大好きだったので、「これは苦味がありますね!」と誉めたつもりだったのだが、なんの、苦くないのもあるぞ、とふらふらと別のビールをとりに行ってくれた。「ヘレスを試してごらん」

今度は日本でお馴染みの色の淡いビールだ。そもそも「ヘレス」とはドイツ語で「色が明るい」ということ。バイエルンでは、スタンダードなラガーを、色の濃い薄いでデュンケルとヘレスに大別している。このヘレスはたしかに苦くはなかったが、すでに相当できあがっていた

蓋付きマグはミュンヘンの醸造研究所のもの。左二つはチェコのおみやげ。

結婚披露宴でステファン（中央）を囲んで。

僕にはもう水のようにしか感じられなかった。

　そこでまた素直に「水のようにスムースです」と感想をもらしたのが災いした。「そうだろう。こりゃチェイサーみたいなもんさ」そう言って、きついグラッパのボトルを持ってこられてしまった。それからはもう大変。グラッパのショット→チェイサーとしてヘレス→グラッパ……ということで、あわれヘレスは完全にチェイサー扱いされてしまったのだ。ごめんねヘレス。

　だが、すぐにヘレスを〝しらふ〟で味わう機会に恵まれた。

　昼前にちょいとコーヒーを飲むつもりで立ち寄ったカフェだった。カフェなのにビールが五種類もメニューに載っている。とくにヘレスがお薦めらしい。真昼間からビール、とちょっと後ろめたさがあったが、まわりを見渡すとサラリーマン風の男性もグラスを傾けているではないか。ドイツではビール一杯くらいは仕事中でも構わないんだな。と勝手に解釈し、ヘレスを注文した。しらふで見れば、透き通っているので明らかにバイツェンとは違う。淡い黄色なので、デュンケルとも違う。「よし、あらためて自分のビール史に刻む新たなビールとしてヘレスを味わおう」

　細長いグラスに注がれて登場したヘレスは、香りは淡く、苦味も少ない澄み切った味わいのビールであった。アルコール度も控えめな気がして、カフェでお茶代わりに喉を潤すのにふさわしく感じた。なんだかお洒落な気分で飲めるビールだ。それはまさしく、日の高いうちにどうぞと語りかけられているような気分にさせてくれるのだった。しかし、二杯目を頼んでしまって、赤い顔でデパートを歩いたのは失敗だったかも。

■ミュンヘン――ホーフブロイハウスでボック

ミュンヘンのガイドブックにかならず出てくる醸造所のあるビア・ホール「ホーフブロイハウス」。ここはヒトラーがナチスの旗揚げ演説をしたことでも有名で、地元の人が足を運ぶことは少ないそうだ。

ドイツの有名なビールに、色が濃い目だが、デュンケルとは別に「ボック」と呼ばれているビールがある。郷土愛に溢れるバイエルンの好漢たちは、このビア・ホールが発祥地だと主張していたが、さまざまなビール史をひもとくと、それは半分だけ正しいのであった。

ボックは現在、バイエルンの代表的なラガー・ビールの一つとして知られているが、もともとは北ドイツのアインベック市で造られていたエール・ビールである。一六世紀のアインベック市のボックは、ヨーロッパ諸国に輸出されるほどの有名なビールだった。

実は当時、南ドイツに位置するバイエルン王国は、ジャーマン系の国々の中では「ビールの美味しくない国」と芳しくない評判をとっていた。そこで一六世紀後半に、バイエルン王室の肝いりプロジェクトとして、アインベックのボックに勝るとも劣らないビール目指し、国を挙げての努力が始まった。そのために建設された当時の「立派な醸造所」がホーフブロイハウス。アインベックから醸造家を招き、一六一四年にようやくこの醸造所で本場アインベック流のボックが産声をあげたのである。一七世紀に入って、この王室醸造所のビールは市民にも開放され、市民醸造所となった。民営化の効果か、その後ミュンヘン一帯は、ホーフブロイハウスを中心に切磋琢磨し、少なくとも一九世紀にはバイエルンはビールの美味しい地域として全国に認められるようになる。そして、ついに「ボックはバイエルンの地ビール」と謳われるまでになったのだった。

現在のホーフブロイハウスは一九世紀に移転しているので、昔の醸造所をみることはできないが、その伝統の味は楽しめる。そんな能書きを思い起こしながらまずはスタンダードといわれるマイボック（Maibock）というボックを飲んだ。

濃い目の褐色で、これが麦芽の味というものかと噛みしめたくなるほど味が濃い。それでいてまったり舌にからむようなしつこさはない。アルコール度も高そうで、ごくごく飲むためのビールではないのだ。カフェで気軽に飲むヘレスと異なり、これは腰を落ち着けてじっくり味わうのがよさそうだ。

レストランの中央には小さな舞台があり、ドイツの民族衣装をまとった楽団がいかにもドイツらしい弾んだ音楽を演奏している。ホーフブロイハウスの歌、というのが定期的に繰り返されている。まさしく「おのぼりさん」向けの演出だが、この深い味わいを楽しむには、思い切ってタイムスリップした気分で浸るのが得策なのだ。

デリカトール（Delicator）という別のボックを注文する。これはマイボックよりもさらに色も味も濃厚。しかし、甘さや苦味といった単調な味を感じることはなく、するすると喉を通っていく不思議なマイルド感があるのだ。

どんどん酔いが回っていき、「おのぼりさん」であることを寛容に受け入れる気持ちになっていった。さらに飲みつづけていると自分がどんどんビール腹になり、バヴァリアの大男になっていくような錯覚に陥った。いっそ付け髭でもつけてあの楽団の前にしゃしゃり出て、一緒に「プロースト！」とか言ったら受けちゃうかな、などと想像してすっかりご機嫌になってしまった。店を出るときの記憶は定かでないが、……たぶんそんなことはしていないはずである。

■ミュンヘン——オクトーバフェスト

晴れた空に観覧車がゆっくり回り、遊園地のような賑わいだ。テントというより仮設ドームと呼びたい規模の大きなテントが六張り。ついにやって来た。憧れのオクトーバフェストだ。

世界各国から集まったビール好きたちのこの上ない満足顔が行き交い、テントの中ではでっかい一リットルジョッキを片手にいくつも束ねたグラマラスなお姉さんたちが、ひしめく席の合間を闊歩している。ここでは一杯は一リットルなので、六社のどこから攻めるかと作戦を立てていたにもかかわらず、やみくもに空いている席に突進してしまった。それはどこのビールだったのだろう。いまだに思い出せないが、とにかく喜びに溢れて飲みだした。

「うまい！」

それまで飲んだヴァイツェンやボックのように香りが強い、麦芽の味わいが深い、というビールではなく、すっきりしたビールだがしっかりとした味がある、という印象だ。

テント中央では民族衣装の楽団が演奏している。「乾杯の歌」とおぼしき歌が繰り返され、最後はきまって皆が立ち上がり、いっせいに「プロースト！」と叫んで回りの人たちと乾杯する。沸き起こる笑い、手を叩き、足を踏み鳴らす。ビールを飲まない人がみたら、まるでインディ・ジョーンズが覗いてしまった謎の宗教儀式のような凄い光景だ。「おお、これこそビール好きの聖地にふさわしい……」。それまで大きすぎるよと感じていた一リットルジョッキを自分が傾けていることが、誇らしくさえ感じる。

二つ目はオーガスチーナ社のテントだ。これまたすっきりしているのに、深い味わいがある。飲んでも飲んでも飽きないし、その味をいつまでも新鮮に楽しむことができる。

テントの端の方がガラス張りになっていてビールを注ぐところが見える。巨大な木樽にコッ

オクトーバフェスト、大テントの賑わい（写真提供：ドイツ観光局）

クをつけそこから注いでいる。昔はこの樽を各社の醸造所から馬車に積み上げて市内を練り歩いたそうだ。現在ではパフォーマンスでの馬車輸送はあっても、基本的にはトラックで運ぶのだろうけれど。だが、黄金の酒を満たした木樽が積み込まれた馬車を思い描いて酔いに浸ろう。

まだまだ一リットルジョッキを飲みたいくせに、鶏の丸焼き料理を頼んでしまった。胃袋のスペースがもったいない。しかし、となりの団体客が美味しそうにかぶりついていたのだ。豪快なビールに豪快な料理。これが揃えば、次回の「プロースト！」のときにはとなりの客と肩を組めそうな気がしたのだ。

こうして乾杯を繰り返しながら飲むビールは最高だ。ここにいるすべての人が、ビールを愛しビールを楽しもう、という共通の意図をもって集まり、その喜びを共有している。ビールの放つすごいパワーだ。楽団の音が遠ざかり、次のテントを目指して歩く途中、ジョン・レノンの「イマジン」の歌詞を思い出していた。ここはビール好きの理想郷なのか……。

三つ目のテントに行く途中、反則技の売店があった。五〇〇ミリリットルのジョッキでビールを出していたのだ。すでに限界に近かった胃袋にはありがたい反則に思えたけれど、そこで手にしたビールはなぜかそんなに旨くなかった。素晴らしかったオーガスチーナの後だからだろうか。それとも大きなテントの和のなかにいないからか。せっかくの五〇〇ミリリットルだったが、単に胃袋をさらに圧迫しただけだった。気がおさまらずに三つ目のテントに突入した。

それからどうなったのだろう。オクトーバフェストのビールはアルコール度が少々高いことも手伝って、酔いが回るのが早い。三軒目のテントから後の記憶がはっきりしない。

九月の終わり頃、ミュンヘンではコートが必要なくらい寒かった。その時にはもう暑いのか寒いのかもわからなくなりながらも、「こんなビールを、日本でも味わいたい」とテント越しの星を眺めながら歩いていたのをぼんやり覚えている。

■ミュンヘン――ミュンヘナー

ミュンヘンでは中堅の醸造所併設のレストランに行ってみた。タクシーの窓から、ステンレス製の大きなタンクが立ち並んでいるのが見えてきた。いよいよ到着してドアを開けると、仕込んでいる最中の麦芽の甘い香りが漂ってきた。

「あー、ビール工場の匂いだ！」僕は思わず日本語でさけんでしまったが、タクシー運転手は何を言ったのか承知していた。にっこり笑って「ヤー」と相づちを打って手で鼻のあたりに空気を寄せて香りをかぐしぐさをした。

ここがレストランかな。ログハウス調の建物のドアをそっと開けて覗いてみると、中はかなり混みあっている。テーブルの空きは見当たらず、予約をしなかったことを後悔しかけたのだが、地元客の老夫婦が相席を快く受け入れてくれた。

ドイツ語のメニューにとまどっていると、老夫婦が英語でいろいろと解説してくれた。

「君はデュンケルは嫌いかね」

「嫌いなビールなんてありません」

おじいさんが選んでくれたのは、ミュンヘナーだった。

ミュンヘナーは一般にデュンケルと呼ばれる黒ビールよりも赤味がかっているものが多く、それゆえデュンケルと区別している醸造所も少なくない。味わいは、単にデュンケル、と出されるビールよりも苦味が少なく、やや香ばしくすっきりしている。これは主に、ミュンヘン・モルト（麦芽）と呼ばれる原材料に起因している。このモルトは比較的高温で焙煎している割には色が薄めなので、通常のデュンケルよりも色が薄くなり、赤味がかったビールとなるのだ。

もともとバイエルンで造られていたデュンケルがとくにミュンヘンで洗練されて、世界的にバイエルンが名を馳せる十九世紀頃には、ミュンヘンで流行っていた澄んだあかがね色のデュンケルがミュンヘナーと呼ばれるようになったのだった。現在バヴァリア・ビールといえば、一般にはこのミュンヘナーを指す。

「どうかね、本場のミュンヘナーは？」

「とても美味しいです」

本当に美味しかった。それにもましてそれ以外の答など言えない空気のなかで飲めたことが愉快でたまらなかった。地元のビールをこんなに誇れるなんて……バイエルンの人たちが羨ましかった。

■デュッセルドルフとケルン――アルトとケルシュ

ミュンヘン以外の都市では、ドイツ人といえどもやたらにビール自慢をする訳ではない。考えてみれば当たり前で、ビールを飲むたびに地元ビールの自慢を聞くということのほうが変だ。それでも、ドイツの町でビールを飲むと、そこはかとない郷土意識と歴史を感じてしまうのは僕だけではないと思う。

ドイツのビールといえばラガー。だが非常に優れたエールがあることも忘れてはならない。バイエルンがビール王国として有名になるずっと前から、北ドイツに位置するプロシア王国、フランク王国では美味しいビールが盛んに造られていた。アインベック市のボックは残念ながらビールのスタイルのみならず、名声までバイエルンに持っていかれてしまったが、昔ながらのエール・ビールは今なお健在である。こうした歴史の古い製法であるエール・ビールのことを一般にアルト（古い）ビールという。

北ドイツの人たちから見れば、バイエルンがラガー・ビールを発見して名声を得たのはほんのここ数百年に過ぎない。自分たちはそれより何百年も前から伝統的な製法（エール）で美味

デュッセルドルフの名物ビアホール「ツム・ウーリゲ」、青銅の看板が立派だ。
昼時にはグラスを傾ける人々でいっぱいになる。（©YUKI KUBOTA）

ケルンのカフェで。手前はヴァイツエン、奥に見える澄んだビールがケルシュ。

しいビールを造っている、という自負があるに違いない。ラガーが発見されて間もない頃は、北ドイツでは、バイエルンのラガーのことをノイ（新しい）ビアーと呼んでいたそうなので、アルトの名には、元祖ドイツ・ビールの誇りを感じてしまうのである。

現在、単に「アルト」というと、デュッセルドルフのアルトが有名である。赤味がかっていて、ちょっと爽やかな香りを感じるビールだ。この爽やかな香りはホップによるものであり、バイツェンのような麦芽の発酵による香ばしい香りとはまったく異なる。ホップの苦味もはっきり感じられ、すっきり系のラガーに対して、「味わいにこだわっているなぁ」と勝手に北ドイツvs南ドイツの意地のぶつかり合いを想像してしまうのである。

アルトと並んで有名なドイツのエールと言えば、ケルンの「ケルシュ」だ。ケルシュができたのは一九世紀後半頃といわれている。比較的新しいので、アルト（古い）とは言い難い。一九世紀後半といえば、チェコのボヘミア地方で、世界的に有名になるラガーが登場している。バイエルンの技術を真似して造った「ピルスナー」だ。ピルスナーはすっきりした味わいとともに、当時の技術革新で登場した色の淡さでも人々を魅了した。それまでは、今日のビールのような色の薄いビールはなかったのだ。ケルシュはこのような淡色ラガーに対抗して造られた淡色エールではなかったか。ケルン市以外の醸造所のビールに「ケルシュ」と名乗らせないよう法的な措置をとっているばかりか、地元のビール「ケルシュ」の製法までも法的に定めている執拗さが僕は何とも好きだ。初めてケルシュを造ったビール職人の手記など残っているのかどうか知らないが、バイエルンに対抗しているに違いない！

■ドルトムンド――ドルトムンダー

ドイツのビールの街といえば、どうしてもミュンヘンを思い浮かべてしまうが、一つだけドイツ・ビールを挙げよと言われたら、もっともお薦めなのはドルトムンダーだ。

実はドイツでビール醸造量がもっとも多いのがドルトムンド市で、全国の約四分の一の醸造量を誇る。ミュンヘンのようにヴァイツェンを飲み、ミュンヘナーを飲み、オクトーバフェストがあり、でなく、ここに来たらひたすら街のどこにでもあるドルトムンダーを飲むにかぎる。

ミュンヘナーほど色が濃いということがないせいか、一見これという主張はなさそうに見える。しかしながら、飲んでみると何ともいえないバランスのとれたうまさを感じるのである。

ドルトムンドの水は極めて硬質で、ホップの苦味とのバランスも下手をすれば喧嘩しそうなものだが、心地よい苦さとなっている。ミュンヘナーのように色も濃く味わいも明らかにしっかりしたビールだと日本のビールと比較しようという気にならないが、ドルトムンダーは「比較の対象」の範囲内だ。であるけれど、「ビールってこんなに味のあるものなんだな」とゆっくりかみしめることができるのだ。ミュンヘンでさまざまなビールに驚いてはしゃいだ気持ちになるのとは正反対に、妙に現実的にビールを楽しめる感覚である。

ドルトムンダーはドイツ国内のみならず世界的にも有名なスタイルではあるが、なぜかこの土地に他の都市への対抗意識みたいな匂いは感じない。この町でも、かつてはデュッセルドルフのように、エール・ビールを造っていたが、一九世紀後半にラガーが評判をとるやいなや、あっさりラガーに切り替えたというしたたかさが、今日、「実はビール醸造量はドイツで一番」という地位を築いてきたのかもしれない。

■ベルリン——ベルリーナ・ヴァイゼ

僕が勤務していたエンジニアリング会社は、旧東独でも仕事をしており、旧西独側のベルリンにも事務所があった。歴史的な一日となった「ベルリンの壁崩壊」の現場にも先輩が居合わせた。その先輩が嫌いなビールがベルリーナ・ヴァイゼであった。入社二年目の僕にはまだドイツ出張の機会はなく、いつも羨ましく思いながら土産話に聞き入っていたのだが。

「ドイツだからってどのビールも美味しいわけじゃない。ベルリンのヴァイス・ビアなんて飲めたもんじゃないぞ」

ドイツにも不味いビールがあるのか。だったらベルリンは避けておこう、とその先輩のお陰で、僕はすっかり誤解してしまった。

「ヴァイゼ」はドイツ語で「白い」という意味だ。バイエルンのヴァイツェン同様、小麦が大麦とともに使用されていることが特徴で、乳酸菌による酸味がある……そんな知識は本で読んで知っていた。本当に白いということはなく、ミュンヘンの代表格である褐色のミュンヘナーに比べて色が淡く、濁っていることから「白い」と表現されている。

ガイドブックでは似たようなものに見えるヴァイツェンを一発で好きになった僕は、最初のドイツ旅行にベルリンを加えなかったことをちょっと後悔しはじめていた。その旅の最後は日本への直行便の出るフランクフルトであった。

ところがどっこい、さすが大都会のフランクフルトだ。なんてことないカフェなのに、あるじゃないか。ベルリーナ・ヴァイゼ！

そのメニューには、単なる「ベルリーナ・ヴァイゼ」と「ラズベリー入り」というのがあった。その旅最後の一杯になると思ったので、できるだけ変わったものを、と思い、ラズベリー入りを注文してみた。すると、なんと脚つきグラスにストローまで添えられてきたではないか。

「もしやラズベリーの方はジュースの間違いだったのか⁉」ショックを隠せずにけげんにテーブルに置かれた飲み物を眺めていると、それを見越したか、ウエイトレスが口元をほころばせつつ説明してくれた。

「それはベルリンのビールです」

「ラズベリー入りでないものもストローで飲むのですか？」

「そうです。アルコール度が低いのでジュースのように飲むものです」

とにかくビールとわかって安心して飲んでみた。酸っぱい。本当にアルコール度が低い。日本では夏は「水代わりにビール」だが、ベルリンでは「ジュース代わりにヴァイス・ビア」ということのようだ。たしかに日本の「正しいおやじの飲み物・ビール」という期待感で飲んでも完全に空振りだ。しかし、ビールにもこんな使用法、というか、飲み方があったのだ。最後にこれを飲めて本当によかった、とつくづく思うのであった。


ドイツには一二〇〇ヵ所以上のビール醸造所があってさまざまなビールが造られている。訪れる先々で違ったビールが楽しめる。

「それはドイツでは当たり前のこと。昔から旅をしたらその土地のビールを楽しめ、といって、それをビア・ライゼ（ドイツ語でビール紀行）というのだよ」

まだまだ飲んでいないビールが無限にある。ベルリーナ・ヴァイゼのように、ビールだからといって「呑んべえだけの楽しみ」とは限らないものもある。ビールが生活に根付いている奥深さを感じつつ、最初のドイツ・ビールの旅《ビア・ライゼ》は幕を閉じるのであった。

ベルギー

さて、トロントでのビール国際交流で僕をわくわくさせたのはドイツ人だけではない。ベルギー人のルークもその一人だ。ステファンとのビール談義を横で聞いていたのだろう。ある晩、僕に近寄ってきてこう言った。

「ドイツがビールで有名なのは認めるけど、本当にビールが美味しいのは実はベルギーなんだよ。ベルギーの方がはるかにバラエティーに富んだビールがある。ドイツにはビール純粋令という法令があって、いろんな種類がつくれないのさ」

ビール純粋令！　なんだそりゃあ？

それは一六世紀に制定され、いまだに有効な法令で、「大麦（モルト）、ホップ、水以外を用いてビールを造ってはならない」というものだ。ステファンは、「それはバイエルン公ヴィルヘルム四世によって定められ、バイエルンが本物のビールの質を高める原動力なのさ」と胸を張るが、ベルギー人にしてみると、このような頑固な法令こそ邪道らしい。

「ベルギーには木苺やチェリーの入ったビールがある。ベルギーはフランスに占領されていた影響があってグルメなんだよ。だからワインのようなアルコール度も香りも高いビールの傑作がたくさんあるのさ。修道院でしか造られていない高級なビールもあるんだよ。ビールが好きだったら是非ともベルギーに来てほしい」

それは、どうあっても行かずばなるまい。

■ブリュッセル――修道院ビール

クリスマス間近のベルギーはしとしと降る雨がやむ様子がまったくない。こんなに寒いのに、ブリュッセル郊外にあるレスランにはオープン・カフェのようなスペースがちょっと洒落たビニール・ハウスほどの簡単な囲いで存在していた。美味しいビールが飲めるというのだが、何もわざわざこんなに寒そうなところで飲まなくても……本当にビールを楽しめるのか少々不安だった。しかし、最初に出てきたビールでその不安はまったく杞憂であることがわかった。ラベルには「アビー」と読める文字と「トリペル」と読める文字があった。アビーとは、修道院で造られたスタイルを真似したビールのことで、トリペルというのは、英語ではトリプル。なんだか強そうだ。

かなり黒いそのビールはなんともいえないフルーティな香りを放っている。「おおおっ！」口に含んでびっくり。まるでワインを飲んでいるときのように、まず香り、そしてちょっとだけ含んで舌全体でその複雑な味わいを楽しめる。その深い味わいは、決してジョッキでがぶ飲みする飲み物ではなかった。それは冷え冷えした中で身も心もあたためてくれるような高貴なアルコール飲料であった。

案内をしてくれた友人によると、「アビー（Adbij）」はオランダ語であり、フランス語では「ビエール・ダベイ（Biere Dabbaye）」と呼ぶそうだ。どちらもベルギー語として使用されていて「修道院スタイルのビール」という意味とのこと。陸続きの国同士で占領したりされたりというベルギーの歴史が、こうした言葉の中に見え隠れするのかな、などと思いを馳せてしまう、どっしりとした味わいだ。

「修道院スタイル」でなく、掛け値なしに「修道院」で造られたビールは、「トラピスト・ビール」と呼ばれている。これらのビールは、十七世紀に各地のトラピスト修道会の修道院で造られ始めた。修道院でビールを造るなんてなんだか不謹慎な気がするが、かの有名なシャンパン「ドン・ペリニョン」も、もとは修道院で造ったお酒だったとか。カトリックの修道士の中には、あんがい名杜氏《とじ》が潜んでいるのかもしれない。現在ではオルヴァル、シメイ、ウエストマレ、ラ・トラップ、ロシュフォール、ウエストフレーテレンのわずかに六ヵ所のトラピスト修道会に属する修道院だけで造られている。日本にも近年輸入されているのでご存知だと思うが、高級ビールである。

トラピスト・ビールの人気にあやかろうと、一般の醸造所でも修道院の醸造法にならって造っている。また、トラピスト以外の修道院でもビールが造られており、その収益は修道士の生活を支える糧となっているのだが、それらは、「トラピスト」とは呼べない。「トラピスト・ビール」と呼ぶことができるのはトラピスト修道会に属する前記の修道院で造られているもののみ。別の場所で造られたビールは「(ただの)修道院ビール」として区別されている。

このようにわざわざ分けて呼ぶようになったのは、トラピスト修道会が商権を守るために政府に要請し、それが認められたためだ。商権を守るなんて、「ほんま商魂たくましい坊主やな」と思わないでもないが、実に美味しいものを造っているので大目にみてあげよう。

ビールでアルコール度が高いのは麦汁の糖度が高いことを意味し、当然、色も濃くなる。しかし、トラピスト・ビールはアルコール度が高い割には麦芽による着色が少なく、淡く黄色っぽい色合いをしている。そのわけは、麦汁に加えキャンディ・シュガーと呼ばれる砂糖を使っているからだ。ふつう糖質副原料を使うのは原料コストを抑えるためであることが多いが、トラピスト・ビールで砂糖を使うのは、あくまでもバランスの良い美味しいビールを追求しているからだということは、その重厚な味わいを試してみればすぐに分かるだろう。

さて、この六ヵ所のトラピスト修道院だが、一つは国境をちょいと越えたオランダ国内にある。残りの五つはベルギー国内だが、そのうち四つはフランス国境に近い南のワロン地区にあるのだ。このあたりの地下水は炭酸ガスが自然に溶け込んでいるような硬水が多く、特徴あるビール造りの源になっている。何百年にもわたり、このような特殊な水を用いて美味しいビールのバランスを探求してきたのだ。麦芽やホップなどの原材料と製法を真似たところで、水の違いはいかんともしがたい。世界のさまざまなタイプのビールがあちこちで模倣されているが、ベルギーの伝統的なビールについては水、自然酵母など土地由来のものが多く、簡単に真似できるものではない。

トラピスト修道会のみならず、ベルギーのビール醸造組合が、ベルギー以外の国で造ったいかなるビールも「ベルギー・ビール」と呼んではならない、と主張するのももっともだ。

■ブリュッセル――ランビック

自然酵母を使用する、といえばその代表格はランビックと呼ばれるビールである。

一般的なエール・ビールというのは二週間もあればできるものだが、ランビックは二夏を越えてようやく出来上がる長期熟成ビールなのだ。中には五年ものもあるというから驚きだ。ここではビールの賞味期限など気にする人はいないし「ビールは鮮度」などと言ったところで洒落にもならない。

クリスマス。ブリュッセルは多くの人で賑わっていた。広場にはキリスト生誕を模した厩《うまや》が飾られていた。中には人と羊が飾ってあったが、羊は本物だった。オーストラリアの羊毛の丸刈りショーで見た羊は丸裸にされても元気に飛び回っていたが、ここでそんなことされたら凍え死んでしまうだろうな、と同情してしまうくらい寒く、羊たちもほとんどじっとしていた。広場から小道に入ると、「下町」といった風情の料理屋も多い。

この日、目指したのは雑居ビルの二階にある重そうなドアのお店だ。中は暖かいに違いない。今日はコートを脱いでくつろげそうだ。

蝶ネクタイのウエイターに案内されて、フルコースを頼まないと格好がつかないのではという緊張感が走ったが、席についてメニューをみたら、手軽なフランス家庭料理という感じのお店でちょっとほっとした。そうそう、ここは「おふらんす」ではなくてベルギーなのだ。

そこで、まずは三年ものというグーズ・ランビックを薦められた。グーズ・ランビックとは、長期熟成ものと一年ものといった若いものをブレンドしたものだ。

「フランス人は食事にはワインでないと、というけれど、美味しいビールを知らないだけなんだよ。お鼻が高くて、ビールはドイツかイギリスのものだからって受け入れようとしない。ベルギー人は合理的にいろんな国の美味しいものを素直に取り入れているのさ」

たしかにそうかもしれない。本当に美味しい。三年ものというけれど、とても新鮮な感じのするビールだった。修道院ビールのように重厚な味わいではなく、このとき飲んだ三年ものは極めてドライで何杯でも飲めるようなビールであった。かと言って、水がわり、とか、味が薄い、ということではない。発酵がとても進んでいて、麦芽の甘味がほとんど感じられないのだ。

ビールの官能検査《テイスティング》の中に、"freshness"という項目がある。これを日本語で「鮮度」と訳して了解してしまってはあまりに悲しい。鮮度であれば、造ってから何時間たったのか、を機械的に判断すればよいだけだ。この"freshness"は、飲んだときに、人が「新鮮」と感じられるかどうか、を問うているのだ。ビールの奥深い美味しさを知らなければ、ビールにとって大切なものは、味の鮮度でなく製造年月日となってしまうが、それでは何とも情けない。

店のレジの近くに木樽が飾ってあった。僕が飲んでいたランビックの製造元から寄贈されたもので、ランビックはその木樽の中で何年も熟成されるのだそうだ。まるでワインかウイスキーのようだ。ベルギー人は形式にこだわらず、本当に美味しいものだけを求めて試行錯誤してきたのだなと素直に認められた。

あとで聞いたことだが、ベルギー政府は伝統的ビールであるランビックを守るために、その製法の基準を定めているそうだ。

通常、ビール醸造では純粋培養させた特定の酵母しか添加しない。また発酵・熟成の過程では外気に触れないようにする。しかしランビックの製法は逆で、煮出した麦汁をふたのない広くて浅い槽に一晩放置し、麦汁がゆっくり冷えてゆく間に空中に浮遊する酵母が自然に入り込

カンティヨン醸造所グーズ博物館では、
樽出しのグーズ・ランビックが味わえる。
1987©opt/CAUSSIN R（ベルギー観光局提供）

むのを待つ。通常は好ましくないとされる乳酸菌類も入るが、独特の酸味はこの乳酸菌が造り出すのである。

ただし、ランビック醸造所は理想的な環境づくりに非常に気を使っている。仕込み室に潜む自然の菌類の組成が変わらないよう掃除などはあまりせず、醸造所の内装や外装も変えない。外から雑菌を運んでくるショウジョウ蝿を捕獲してくれるので、蜘蛛の巣も取り払わない。

原料には大麦モルトに加え、麦芽にしない小麦を三〇％以上使用することで、ランビック独特の甘味と香ばしさが加わる。醸造の際に入る雑菌のため抗菌作用のあるホップ、ただし一年以上貯蔵し苦味成分の薄れたものを大量に使う。殺菌しつつ、しかもバランスの良い苦みをもったビールが造れるというわけだ。

近年、米国のマイクロ・ブルワリーのビールで「ランビック」の名を冠したものを見かける。これはランビック醸造所に生息する自然酵母と乳酸菌を取り出して培養し、添加して造っているのだが、ランビック醸造元は国外で造られたものに「ベルギー・ビール」や「ランビック」の名称を付さないよう求めている。時間と手間のかかる伝統的な醸造方法を長い間守り続け、今でも蜘蛛の巣の中でビールを造り続けているランビック醸造所の要求は、正当かつ真っ当なものだと僕は思う。

ところで、日本の洋風レストランでは、料理の味を引き立たせるためには、味や香りのないビールがよい、というがおおいに疑問だ。ベルギーでフランス料理のような料理を食べながら香りや味のしっかりしたビールを飲んでいても何の違和感もなかった。

その日、食後に友人が選んでくれたビールはフランボワーズ（木苺）のビールだった。木苺の絵の入った小さな瓶と足つきのグラス。注ぐとちょっと酸味のある香りとともにクリーミーな泡が沸き立ってくる。途中からは雲のなかに注ぎこんでいるような気さえするソフトな泡だ。一年以上寝かせたランビックに木苺を何週間も漬け込むのだそうだ。「ビール純粋令」のドイツ人から見れば邪道かもしれないが、甘くて美味しいデザートとしてクリスマスの夜にこそふさわしいビールだった。フルーツ・ビールもベルギー人の美食を探求する努力の賜物だ。

■アントワープ——大手のベルギー・ビール

ヨーロッパの海の玄関、アントワープ。当時、仕事でヨーロッパ各国からいろいろな機器を買い付けていたが、それらのほとんどがアントワープの港を経由して世界各国のプラント建設現場へと輸送されていた。さぞやでっかい都市と思いきや、石造りの情緒あふれるこぢんまりした港町であった。

その町の一角にあるモダンなカフェとも思えるような小綺麗なレストランで、有名なベルギー料理の一つ、ムール貝の白ワイン蒸しを食べた。僕は多くのお店で見かけたジュピラーという銘柄のビールを注文した。

ベルギーには多様な地ビールが健在だが、もっとも飲まれているのはピルスナー・タイプだ。大きな特徴はなく、これは水代わりと考えても差し支えない感覚で飲み、むしろムール貝に熱中した。ワイン蒸しは汁が多く、後半はだしの効いた汁をすするのが美味かった。ジュピラーのボトルが空になったので、日本でもおなじみの感のある、ヒューガルデン・ヴィット（白い）ビールを注文した。この白ビールも小麦を使用している。ヒューガルデンは村の名前。その村の伝統的なビールだったそうだが、大手のピルスナー系のビールに押されて七〇年代に消滅しかけたのを復活させたものだ。さすがベルギー人と誉めたいところだが、ベルギーも資本主義経済の国。業界最大手のインターブルー社が買収などを繰り返し、ピルスナー・タイプNO・1のジュピラーはもとより、ヒューガルデンもすでにその傘下に収めているのだ。

ワロン地区で小規模のビール工場を代々引き継いでいる会社の社長と話したときに、大手メーカーの資本をかけた宣伝戦略でどんどん得意先が奪われていると嘆いていた。しかし、ここまで美味しいビールの味を知ってしまった国民だ。ブリュッセル市郊外で自然発酵したビールを木樽に何年も貯蔵せねばならないランビックがこの国から消え去ることなど、心配することはなかろう。

イギリス

■ロンドン——多様なエール

さて、ラガーで開花したドイツのビール、創意工夫に充ちたベルギーのビールの幸福な思い出を語ってきたが、ヨーロッパで有史以前からエールを飲んでいたと「伝統」を強調するのはイギリス人、グラハムだ。

「ヒロ、ドイツ人やベルギー人があたかも自分の故郷こそビール王国だと言ってるようだが、ヨーロッパにおけるビールの歴史は英国から始まったんだよ。英国には美味しいエールがたくさんある。誰もが皆、仕事帰りにはバーに行ってエールを飲むんだ。このカナダじゃ味のないラガーばっかりだ。エールを飲まなきゃ、ビールの本当の美味しさはわからないよ」

たまたま僕が訪れたレストランが悪かっただけではないのだろう、イギリスは料理がイマイチということで有名。だからロンドンでははじめからパブに出かけることも多かった。パブには凝った料理はないけれど、サンドイッチとかパスタのような軽食はある。イギリス人の友人は、週に一度は母を家事から解放するためにフィッシュ・アンド・チップスを買って食べる習慣だったそうだから、パブのおつまみだって英国人にとってはまんざらでもないのだろう。

料理には期待せず、したがって失望することもなかったが、ロンドンではビールはどこに行っても満足できた。料理いらずの濃厚で芳醇なうまさだ。

しかし、こんなことだから、フランス人やイタリア人に、「ビールなんて料理のまずい国の飲み物だ」などと馬鹿にされてしまったのだ。ビール・ファンにとってはとても残念な言い草だ。実際には、南ヨーロッパに位置するフランスやイタリアの気温が高すぎてビールの醸造に向かなかっただけだ。一方、比較的高温での発酵を好むワインには適した気候だった。日本酒だって玄米酒を造っている熊本県の亀萬酒造が南の限界だ。そんなことも知らない人たちに、ビールを軽んじる発言を許すとは怪しからん！ イギリス人には是非、美味しいビールに負けない料理を作ってほしいものである。近年の英国料理界の革命、モダン・ブリティッシュの波はパブのおつまみも変えたのだろうか。

さて、話をビールに戻そう。

まず、エールというと、色によって三つに大別されている。ペール（色の薄い）エール、アンバー（褐色の）エール、ダーク（色の濃い）エールだ。これらは本来、色の違いでしかなかったはずだ。しかし、一八世紀に頭角を現したバートン（Burton-upon-Trent）という地域の硬水を使用したペール・エールがあまりに好評を博したために、その地方のビールがペール・エールの代名詞のようになった感もある。イギリス国内であれば何もバートンに行かなくてもあちこちのバーで見かけるバス社のペール・エールがその代表格だ。

イギリスのパブは、やはり木のテーブルのあるお店でないと——これは単に僕が勝手にイメージする「イギリス紳士、パブで社交するの図」である。お店に入って自分の席を確保できたら、ビールを注ぐタワーが並ぶ向こうに立っているバーテンダーのところにいく。

“A pint of Bass, please.”タワーの中から赤い三角のロゴ、バス社を軽く指差して注文する。これだけで、もう気分はイギリス紳士。パイント・グラスを斜めにして注ぎだし、泡の沈むのをじっくり待つのも楽しみのうちだ。

しかし、イギリスのパブにも好きでないこともある。ここではビールの基本単位はパイントだ。一パイント＝〇・五七リットルだが、ちょっと大きめの中ジョッキのサイズというところ。知ってはいたが、パイント・グラスに、一パイントを示す白い目盛が付いているのはどうもいただけない。何だか化学の実験をしているような味気なさを感じてならないからだ。日本でもかつてビア・ホールのビールの泡が多いと言って裁判を起こした人がいたというが、イギリスでも泡が多いの少ないのともめたのだろうか。何だかせちがらい気分になってしまう。

まあ、気を取り直してバス社のペール・エールを口元に近づける。そんなに強くない、爽やかな感じの香りがする。日本でビールを飲むときには、「まず香りを楽しもう」などと考えたこともなかったけれど。ベルギーのビールも香りを楽しめるものが多く、そのようなビールは足のついた口の広いグラスに注がれていた。イギリスではワイン・グラスのような広口のグラスは見かけなかったが、ちょっと先のほうが膨らんでいるものが多かった。

飲んでみると、さほど冷たくない。そういえばグラスには日本のビア・ジョッキのように取っ手がついていない。手の温度で温まることなど気にしなくてよいビール、ということらしい。確かにあんまり冷やしては、ほのかな香りと舌で味わうしっかりとした苦味のバランスは楽しみづらい。味わうビールは冷えすぎていてはいけないのだ。

例外もあるけれど、バス社をはじめ「ペール・エール」というと苦味を感じるものが多かった。一方、「アンバー・エール」、とくに「ブラウン・エール」と銘打ってあるものはソフトなものが多かった。そして、友人に連れられていった小さな古めかしいパブでは、それらをブレンドして注文するのが「通」ということだった。このような飲み方は一八世紀頃に流行ったものだという。

小さい建物にしては大きめのドアがちょっときしみながら開けられる。促されるように中に入っていくと、スリー・スレッズ（Three Threads）という三種類のビールのブレンドが小さな黒板にこれみよがしに手書きで大きく書いてある。

「昔ながらのこいつを飲めということだな」

店に入ると、友人にメニューの確認をする前に、早速、“I'll have the Three Threads.”と何食わぬ顔で注文してみた。バーテンも“Yes, Sir.”と満足げに見えた。

最初のビールはパイント・グラスをけっこう傾けるものの、勢い良くどっと注ぐ。もくもくと入道雲のように泡がたつ。次のビールは泡が立たないようにちょっと傾けながら、いかにも注意深そうに注いでいく。まだ泡が多くて最後まで注げない。その間に友人のパイントに同じように最初の二種類のビールを注ぐ。泡が落ち着いたところで最後のビールをグラスの端につたわせるようにしてすっと注いで出来上がり。見ているだけでも楽しいものだ。香りにも味にも甘さを感じるとてもソフトで芳醇な仕上がりだった。混ぜているのは三種類のエールだ、と言っていた。

「これがロンドンのビール、ポーターの始まりなんだよ」

スリー・スレッズのような混合スタイルが流行った一八世紀に、それならば最初からいくつかのエールを混合した味わいのビールを造ってしまえ、というので開発されたのがポーターなのだ。その後、バートン地方のペール・エールに押されて影をひそめていったスタイルだが、「これこそロンドンの味」というこだわりなのだ。

アイルランド

■ダブリン――スタウト

アイリッシュビールといえば、誰でも知っているのが超大手メーカー、ギネス社のスタウトだ。実はこのギネス・スタウトは、ロンドンのポーターに対抗して造られた、という話が一般的だ。その意味でも、ロンドンでポーターの前身、スリー・スレッズの味を知ることができたのは幸せだった。現在のスタウトは、初期の商品「スタウト・ポーター」に比べると味が薄くなっているそうだが、それでも、確かにロンドンで飲んだスリー・スレッズに比べれば、さらに芳醇で「濃い」という味わいだ。まさにスタウトと呼ぶにふさわしい。

スタウト（stout）を辞書で引くと、丈夫な、しっかりした、などとあるが、僕のスタウト・ポーターのイメージは、標準語では訳しがたい。関西弁の「ごっついポーターやで！」というのがぴったりだ。

まあ、ギネスはライセンス生産物といえども、日本で飲める。やっぱり本場ギネスといえば、体験したいのは味よりも泡の上に描かれるシャムロックだ！　シャムロックというのはアイルランドの国章に使われている三つ葉のクローバーである。本場の名人が注ぐと、きめ細かくいつまでも残るようなギネス・スタウトの有名なクリーム状の泡にそのシャムロックが描かれる、というのだ。何とも邪道というか幼稚な願いという気もするが、これを見たい、というのが僕の本音だった。

しかし、本場の味にこだわらなかったのは大失敗だった。このためだけにでもまたいつかアイルランドに行かねば気がすまないほど後悔することになってしまった。

ダブリン市内にギネスの本社がある。そこはあまりにも観光地すぎる気がして、僕はダブリンまで行きながら相かわらず町の「木のテーブル」のパブに向かってしまったのだ。出来たての味、というのなら本社工場に行くべきであったあろうに。

"A pint of Guinness, please."

僕はわくわくしながらバーテンが注ぐのを見ていた。しかし、ロンドンの古パブのバーテンほど気合が入っていない感じだ。途中、サージングといって、泡を落ち着かせる時間を取ったものの、最後は適当に上まで注いではい、おしまい。シャムロックもへったくれもないではないか！　何のためにスタウトを頼んだと思っているのだ！

慌てて飲み干して次の店に入った。ギネス・スタウトを注文し、「シャムロックを作っていただけますか」と聞いてみた。「ウエル、アイル・トライ」と言って嬉しそうに注ぎだした。「今度はちょっと期待できそう」

サージングの時に目と目が合ってお互いにっこり笑う。そして運命のジョッキが手渡された。

「二・五ポンドです」

「えっ？ シャムロックがないじゃない！」

「トライはしたんですが」

この下手クソ野郎！ もう空港に行かねばならんのだぞ、何が二・五ポンドだ！

最近のことだが、ダブリンに旅行した方から旅行記をいただいた。ギネスの本社で注がれたスタウトには完璧なシャムロックがあったそうだ。やはり、これはよほどの注ぎ手でなければ出来ないようだ。ああ、まぼろしのシャムロック……。

サラリーマンだった僕は、ビールのためにどこにでも旅をするほどの余裕はなかった。また、ヨーロッパでは、有名なビールよりも名も知れぬ小さな醸造所で造られたビールを発見するほうが楽しみだった。しかし、ギネス本社のように、行きそびれてしまったが、近いうちに必ずや行かねばならないと後悔しきりの場所も多い。あまりに多いので、希望もこめて代表的なところだけ紹介しておきたい。

幻のチェコ・ボヘミア

■プラハやピルゼン——ピルスナー

チェコのプラハには、ドイツ人観光客も訪れるという「ウ・フレク」という有名な地ビール醸造所がある。ここで造られたビールはすべて併設のレストランで消費されるので、ここに行かねば飲めない。チェコには、ピルスナー・ウルケル（チェコ語で「元祖」）を造っているピルゼン市、米国のバドワイザーの名前の由来となったブドワイズ市など、ビール好きにはたまらない聖地がいくつかある。僕はミュンヘンに行ったときに、後半の日程は是非チェコに飛んで、と計画していた。

しかし、バイエルンの人たちに毎日美味しいビールを紹介してもらっているうちに、それを実行しづらくなってしまったのだ。もともと旅行を計画しているときから、ビールを味わいにチェコに行く、というアイデアはバーヴァリアンのステファンたちからは快く思われていなかった。飲めば飲むほど、そんなところに行く必要はない、ということを諭されていた（彼らも遠慮してさほど強くは言わなかったが）。さらに、僕にミュンヘナーを勧めてくれたビア・レストランで相席になった老夫婦と出会い、チェコ行きを取りやめるはめになってしまったのだ。

僕はミュンヘナーを飲みながら、チェコの地ビール醸造所「ウ・フレク」の話をした。それがあやまちの始まりだった。実はそこで造られるビールもミュンヘナーだったのである。

「君はミュンヘンで本場のミュンヘナーを飲んでいるのに、どうしてわざわざチェコで造ったミュンヘナーを飲みにいくのかね」

「ドイツ人観光客も行くという噂のお店だからです」

「それはね、他に見るとこがないからじゃよ。チェコに行っても本場のミュンヘナーの味が忘れられないのじゃないかな」

うっそー！とあきれつつも、老人の真剣な眼差しに敬意を表して素直に話の続きをきいた。

「ピルスナーが有名になったので、バイエルンが真似したという人もいるが、そうではない。醸造技術はもともとバイエルンのものなのだ。ただ、チェコのザーツというホップを使って苦味を強調したタイプのビールのことを、あっちが名前で有名になったので、わかりやすく、バイエルンでもピルスナーと呼んでいるだけだ」

こんな話をしながら、ミュンヘナーに続いてピルスナーを注文することになった。老人いわく、これこそ本場（?）のピルスナーというわけだ。

ホップのみならず、仕込み水も、ピルゼン市の水質に合わせてイオン交換などで軟水にしているに違いない。はっきりした苦味があってすっきりしている。ベルギーやイギリスのビールも多様で比較するのは難しいが、やはり世界的にはピルスナーの味がビールの主流だろう。

こうして本場ならぬ本家本元のミュンヘナーとピルスナーを飲んだ僕は、チェコに行く動機を理論的に（といっても老人の理論だが）失ってしまった。最初はお愛想で聞いていたが、酔いと老人のバイエルン魂の迫力に押されて、「確かにこれは最高に美味い！」と「プロースト！」を繰り返しているうちに、だんだんこの人たちの誇りをけがしたくないという気持ちに傾いていった。心中は葛藤していた。チェコには、家の地下室への階段の何段目がビールを適温に保つのにふさわしいというようなノスタルジックな話もあり、旅情をそそる。

「チェコの家庭では冷蔵庫がないから地下室にビールを置いたりしているのだよ。チェコに友人でもいるならついでにそういうのを見てみるのも面白いかもしれないけれど、ドイツのテクノロジーで管理されたバイエルンのビールに何の不満があるのだね」

ついに僕は約束してしまった。

「わかりました。チェコに行くには時間も無駄だし、ドイツに腰を据えてもっとバイエルンのビールを楽しむことにします」

馬鹿だったなぁ。バイエルンに義理立てして幻に終わったチェコのビール。あの老人だって本当にそんな約束守っているとは思っていないかもしれないし。でも好きなビールが変えた道。後悔しても仕方ない。早く時間つくって必ず行くぞー！

おまけのオーストラリア

■メルボルン――ヴィクトリアン・ビター

オーストラリアのビールにはイギリスの匂いがプンプンしている。小さな醸造所もけっこう見かけるが、ほとんどがエールを造っている。メジャーどころでもエールが主流というのは世界中でもめずらしい。その代表格は、ケアンズあたりで幅をきかせているフォーエックス・ビターとメルボルンを中心とするビクトリア地方のビクトリアン・ビター、通称ＶＢ《ヴービー》だ。

ビターというのは、もともとはペール・エールだ。「瓶詰め」したビールは低温殺菌（熱処理）するので発酵が止まっており、保存しておいてもそれ以上発酵は進まない。しかし、ペール・エールを樽詰めして保管しておくと、酵母が生きたままなので発酵がさらに進む。酵母が糖分を食べ尽くしていくのだ。結果としてドライになり、苦味を際立って感じやすくなる。そこで、樽詰めして保存したペール・エールをビターと呼ぶようになったのだ。だから、通常のペール・エールにさらに苦味成分を追加したものではない。むしろ、ドライな味わいとのバランスを考慮して、苦味の少ないものも多い。こうして、ビターといえば、簡単にいうと「すっきり目のペール・エールのキャラクターをもったビール」としてスタイルが確立されてきた。

現在では樽出しか瓶詰めかにかかわらず、そのようなキャラクターのビールを「ビター」と称しているのだ。

英国のペール・エールは本来、苦いのや苦くないのやら多種多様であったが、バス社のように苦味の強いものが有名になったせいか、ペール・エールというと苦い銘柄が多くなったようだ。一方、ビターのほうは、とくに「苦い」トップ・ブランドが育たなかったせいか、さほど苦くないものも多い。先ほど紹介したオーストラリアのメジャーなビターも苦味は強くなく、日本のラガーのようにすっきりした味わいだ。

現在では「瓶入りのビター」が出回っているが、ビターであれば、名前の由来を思い出しながら樽出しを飲みたいものだ。

メルボルンの街中にパブリックのゴルフ場があり、そこのクラブ・ハウスには樽出しのＶＢがあった。「樽出しだからこれこそ本当のビターだ」などと思いつつ、ゴルフの後にすっきり系のビターを味わうのがとても楽しみだった。スコアはいつも悪かったが、十九番ホールでのビターでいつも楽しくゴルフを締めくくることができた。

＊＊＊

国によってそれぞれ自慢のポイントは異なるが、共通しているのは、どこでも「小さなビール・メーカーがたくさん存在すること」だ。考えてみれば日本酒も同じことだ。日本全国に中小のたくさんの蔵元があり、それぞれの個性と味を磨くことで、どんな酒が外国から入ってこようが確実に日本酒ファンを魅了してきた。同時に大量生産型の産業に取り込まれて、安価なお酒を全国的に販売するメーカーも出てきた。日本人が広く日本酒を楽しむためには両者ともなくてはならない存在だ。ヨーロッパのビールも同じように発達してきたのだ。

ビールは、アルコール度が高すぎないために、とても親しみやすい飲料だと思う。また、造る工程も、麹を使用する日本酒、あるいは蒸留を要するウイスキーなどに比べればずっとシンプルである。すなわち、本来そんなにむやみに高くなるものではない。

そんな手軽でしかも美味しい酒が、ヨーロッパの国々にまたがってさまざまなバラエティーを産みながら発達してきたことは人類の大きな財産だ。ワインや醤油が世界に広まる豊かな時代になり、こうしたビールの食文化もわが国に広がってほしいものである。

しかし、これだけ海外渡航者が増え、モノも情報も大量に行き交う時代になって、なぜこんな素晴らしい食文化が入ってこないのだろう。この素朴すぎるような疑問が、やがて、僕がビールの酒税制度などを調べだすきっかけになったのだった。

第二章

自家醸造ビールの魅力

アメリカのマイクロ・ブルワリー

アンカー・スティーム
サンフランシスコの老舗の
マイクロ・ブルワリー

■アメリカでは自家製ビールが流行っていた

さて、ヨーロッパでの「ビア・ライゼ」を楽しんでビールという食文化の奥深さを堪能した僕は、今度は米国でビールに関して新たな衝撃を受けることになった。

ヒューストンに出張したとき、友人のホームパーティに招かれた。友人ジェナの家に着くと、私が造ったビールを飲んでみる？と言うのだ。

「ジェナが造ったビール？」

いったいどういうことかピンと来なかったが、要は自家製のビールということだった。彼女はアメリカ人だが、父親の先祖はドイツ人。最近は、アメリカ人の間でも自分たちのルーツである欧州のビールを好む人が増えてきたのだという。そこで米国では小さなビール工場《マイクロ・ブルワリー》がどんどんできはじめ、自家醸造も法的に認められて流行りだという。

最初に飲ませてもらったのは褐色のエールだった。洗練された味とはいえないものの、日本同様、市場には水がわりのビールしかない米国で、こんな味わいのあるビールが飲めるとは、何とも感激だった。しかも、「自家製」というもてなしは洗練された味など求める必要もない、格別の美味しさを演出するのだった。

彼女の「醸造グッズ」は本格的でないので、ドイツ・タイプのラガーは造れないとのことであった。そこで、その「醸造グッズ」を見せてもらったところ、ちょっと大きな鍋とか単なるプラスチックのバケツにちょっとした栓がついているだけの簡単なものであった。こんなものでビールを造れるのか。そのほかに、瓶詰めしたり王冠をはめる小道具を見せてもらったが、どうみても簡単にできそうなものばかりだった。

翌日、出張先である米国関連会社に行き、仕事のパートナーに興奮して自家製ビールの話をした。すると、彼の友人はもっと本格的にビールを造っているという。週末にさっそくその友人を訪ねると、何と彼は自宅の庭にビールの原材料であるホップまで栽培していた。テレビで見たホップは人間よりも背丈のある立派な木に見えたが、僕が彼の庭で見たホップは、朝顔のつるのような草であった。

「こんなに暑いところでもホップは育つのだよ。でも香りも良くないし、苦味もイマイチ。材料屋から買ってくるもののほうがよっぽどましだよ」

そう言いながら自作のビールを持ってきてくれた。

彼の造ったビールはドイツのボックを模したラガーだった。ちょっとしつこいと思うくらいどっしりとした味わいだ。アメリカ人といえばバドワイザーのようなすっきり系のものしか飲まないのかと思っていたが、完全に間違いだ。偏見はいけない。やはりヨーロッパ人と同様、美味しいものを求める気持ちは同じだ。

「ラガーは造るのにちょっと設備が大変なのではありませんか？」

先日のホームパーティで友人から聞きかじった知識からそう尋ねてみた。

「良く知ってるねぇ。冷やしておくのが大変なんだよ。僕は専用の冷蔵庫を買ったんだよ。家内は邪魔物あつかいしているけどね」

なんとこのおじさん、業務用冷蔵庫かと思うようなものをビール造り専用に買っていたのだ。アメリカのマニア恐るべし！

彼にいろいろと造り方を聞いているうちにいても立ってもいられなくなり、「手造りビール材料屋」に行ってみた。初心者でこれから造ろうかどうか迷っている、というと、店員が親切に説明してくれた。まったくの初心者であれば、缶詰になったセットを買い、麦汁濃縮液を薄めて酵母を入れるだけの方法から始めれば良いとか、もう少し自由度を高めるには麦芽を挽くところから始めるのだが、それにはバケツのような容器がいくつか必要になるなど、段階に応じて必要なセットも変わってくる。実際には、数日後に帰国しなければならないので、冷やかしただけで店を出ねばならなかったが、「造ってみたい」という欲求は高まるばかりであった。

しかし日本に帰れば、自家醸造は法律で禁じられている。当面はビール造りのことは忘れて過ごさねばならなかった。

ところが一年後、僕は会社の派遣留学生としてフロリダで暮すことになったのだ。会社から与えられた期間は一年。僕が入学したのは通常二年で修士が取れるコースだった。それでも単位さえ揃えば一年でも学位をくれるというので、僕は通常の倍の授業をとることにした。最初の三ヵ月はビールどころではなかったが、最初の試験が終わると、夕飯をこしらえるくらいの余裕はできた。もちろん、僕は夕飯などつくらない。というかつくれない。しかし、ついに台所に立つ時間を得た僕は、夢にまでみた自家製ビール造りを開始したのであった。

自家製ビールの造り方は、インスタント的な簡単なものから、実用プラントの手作業版ともいえる本格的なものまでいくつかの段階がある。僕は凝り性なので、あっという間に部屋の中にはボンベや小型のタンクがごろごろする有様になっていた。百聞は一見にしかず、というが、ビール造りもまさにそのとおり。実際に造ってみると、ラガーとエールの違い、色合いや苦味、香りがどうして異なるのか、などが実感としてわかるようになってくる。

ビール造りの主役は、「発酵」という微生物の活動である。人間とは勝手なもので、微生物にとっては似たような活動でも、人間の役に立てば「発酵」と称し、役に立たないと「腐敗」という。ビールの場合は、ビール酵母という微生物君たちが大いに活躍できるように環境を整えて、発酵してもらわねばならない。

ビール造りの作業そのものは、温度の管理など、微生物の介在しない通常の化学実験とあまり変わらないものだが、メインの反応が微生物の活動であると思うと、ペットを飼っているようで、なんともかわいいものに思えてならない。ビール造りでの発酵とは、基本的にビール酵母が麦芽の糖分を食べて、エチルアルコールと炭酸ガスを放出するものである。放出された炭酸ガスは、エアーロックと呼ばれる外気との遮断のための水を通して、ぶくぶく音をたてて出てくる。化学プラントだって、同様に気体が放出されることは良くあるものだが、ビール造りの場合は、このぶくぶくの音の勢いが酵母君たちの働き具合のバロメーターのようなものであり、ついつい「頑張ってくれよ!」と声をかけたくなるのである。


米国のビールといえば、バドワイザーという世界的なブランドがまず思い浮かぶだろう。コーンなど副原料を使用するのが特徴で、欧州のビールに比べ、味わいは軽くてすっきり。日本のビールとも良く似ている。そんなバドワイザーとはまったく異なる味わいのビール醸造を目ざす人たちに、米国のビールについて聞いてみた。彼らの先祖はもともと欧州からやってきたのに、なぜビールの味を忘れてしまったのだろうか? それが僕の疑問だった。

彼らの一致した意見は次のとおりである。英国人をはじめ、新大陸に上陸して開拓を進めていた頃は、まずは食物を確保するための開墾に追われた。つまり、小麦優先だったというのだ。それでもビールがなければ人は生きていけない（真偽はともかく、そこでは深く納得していた）。そこで、麦だけでなく、新大陸にあった穀物であるトウモロコシを混ぜてビールを造りだした。結果は、麦の味わいの少ないあっさりしたものになった。しかし、開拓者にとっては深い味わいよりも、すっきりした味わいのほうがありがたかっただろうし、安上がりということも重要だった。そのような状態のまま産業革命期に突入し、米国という大市場は、大量生産による安上がりビールに席巻された。いつのまにか米国人は、ビールとは水代わりに飲むようなアルコール飲料のことだと思うようになってしまった。

しかし、二世紀を経て米国人も豊かになり、若者も欧州旅行を楽しむようになった。そこで、先祖の祖国で飲んだビールにびっくり仰天。何か違うぞ、ということに気付いたというのだ。

米国では八〇年代初頭にビールに関する規制緩和がなされ、小さなビール醸造所＝マイクロ・ブルワリーが各地に出来つつあった。新しい地域産業ということで、ほとんどの州で酒税の軽減措置を講じ、最近ではマイクロ・ブルワリーは米国の新しい産業として定着した感がある。

米国の大学は産業界の動きに敏感で、僕が米国に滞在していた九〇年代前半には、大学でもマイクロ・ブルワリーを意識した「ビール醸造学」の講座が結構できていた。これは自家製ビールを造る者にとってはまことに好都合であった。巷には、「誰でも造れる」ビールのレシピ本も多数出回っていたが、ビール造りに必要な知識を基礎から学ぼうと思えば、大学や大学院でビール醸造学を学ぶための手頃な教科書が揃っていたのだ。

僕はこうした教科書を買いあさって勉強した。その後、ビール醸造責任者《ブルーマイスター》を養成するための短期セミナーにも参加した。実際に一連のビール醸造を行いながら、理論と注意点を学ぶ研究室での作業だったが、自宅でできるような基礎的なことが多く、光学顕微鏡など、新たな小道具がわが家の台所の棚にならんだのは言うまでもない。

勉強すればするほど、ひとつひとつの作業の意味がより深く理解できるようになり、自分で設計するレシピも精度を増していった。簡単な例をあげると、苦味をレシピの設計段階で計算値として算出できるようになるのだ。

こうして、僕は米国滞在中に一三〇種類のビールを造った。

■ビールの味を設計する

最初は本に出ているとおりに造るだけだったが、途中からはオリジナルのレシピに挑戦した。他人のレシピを真似している間は、ビールが出来て初めて「ああ、こんな味のビールになるのか」と半分他人事のような感想しか持てない。しかし、自分でレシピを設計するのはとても楽しいものである。苦味の成分を計算し、それにバランスする味わいをどう仕上げるか、そのためにどんな酵母を使おうか……明らかに目指した味があり、「どこまで目指した味が実現できたか」という明確な目標ができるのであった。他人のレシピで造るのはいわばプラスチック・モデルを注意深く組み立てる感じだが、自前のレシピを設計するというのは、プラスチック・モデルの金型をイメージ図から造るようなものだ。これは技術屋としては極上の喜びであった。とはいうものの、実際に自家醸造をする姿は、技術屋というよりも料理人である。ビールという飲物を造っているのだから当然といえば当然。しかし、台所なしの部屋でも生息可能な僕を知る人からみると、突如として何時間もでっかい鍋の前に黙々と立ちつづける姿は何とも不思議な光景だったらしい。

鍋の前に立つのは仕込みで麦汁を煮ているときだ。ホップを入れたりする時以外は、必ずしも見張りつづける必要もないのだが、沸騰が激しいほうが望ましいし、かといって吹きこぼれては意味がない。だから立ち続けるのだ。煮沸がおわると後は冷やして酵母君の登場だ。仕込んだビールはそれから何週間もの旅に出るというのに、自分の出番は温度の管理くらいしかなくなる。「人事を尽くして天命を待つ」という心境なのだ。だから仕込みでは人事を尽くさねばならないのである。

僕はビール好きだが、造ったビールを全部自分で飲んだわけではない。自分でも十分楽しんだが、ほとんどは週末のホームパーティで友人達に飲んでもらっていた。友人達には評価シートを配り、感想を記入してもらっていた。一人一人の感想を見ていると、まったく相反する内容のこともあるが、五人以上のデータをまとめると、大抵は何がしかの特徴、たとえば、これはフルーティと感じる人が多い、などの傾向が見えてくる。

他人の評価は、造るのと同じくらい造り手には有意義なものである。二つのビールを評価するとき、造った本人は、苦味の成分の多いのはどっちのビールかを知っている。だから、「こっちが苦く感じるはずだ」という先入観をもってしまう。でも、甘味など別の味わいとのバランスで、苦いと感じない人が多いときもある。

このような味に対する評価は、理系畑を歩んできた僕にとってはとても面白い現象に思えてならなかった。それまでいい加減な言葉だと思って聞き流していた「隠し味」とか「奥の深い味」という言葉が、急に意味深い単語になったのだ。ビール造りの中で、そういう「わけのわからない」味を意図的に造る妙、というものが面白かったのである。そんなふうに思って飲むベルギー・ビールなどは格別である。どう考えてもわからない奥の深い味なのだ。他人の評価を得ることで、ビール造りの腕も磨けたし、市販のビールに対する楽しみ方も俄然広がった。

■アメリカのマイクロ・ブルワリーに学ぶ

さて、フロリダ州にはマイクロ・ブルワリーが多数あり、近所にも一軒誕生したので、さっそく行ってみることにした。

ビールを飲むこともちろんだが、何といってもプラント会社の社員としては、実用プラントを見ることそれ自体が楽しみだったのだ。勤務先で担当するプラントは、航空写真でなければ全体像はとらえられないような規模。それに比べれば、マイクロ・ブルワリーのプラントは新人研修でもお目にかかれないような小さなものだ。それでも、さまざまなノウハウが見え隠れし、ある工程についてはあえて自動化せず、手作業の方が効率が良くなることなどが面白かった。

通常あつかう大規模プラントでは集中制御室のコントロール・パネルを見ながらスイッチのオン・オフというのが主な「運転作業」だが、プラント自体が集中制御室内に収まるような規模では、バルブの開閉は手動の方が初期投資を抑えるのみならず、メンテナンス上も有利なことを発見した。醸造工程とプラント技術の両方を深く理解していないとわからないこうした議論は、ブルワーたちからも喜ばれた。

プラントの話がはずむと、濾過や仕込み作業などを一緒にやらないかと誘われた。

「何てラッキーなんだ！」僕はこのときほどプラント会社に勤めたことを喜んだことはない。

自宅の鍋で造っているのだって「本物のビール」に違いないが、「プロのビール」を造るというのは全然気合が違う。プラントの設計や建設に携わっていても、運転する機会というのは滅多にないことで、楽しい経験だった。自宅で経験していた「実験プラント」が「実用プラント」に移行するノウハウをあますところなく体験することができた。

米国最大手バドワイザーの製造元であるアンハイザーブッシュ社は、マイクロ・ブルワリーの登場に好意的だという。大手メーカーでは造りづらい多様なビールが提供されることにより、消費者の嗜好が開拓され市場そのものの活性化になる、ということで、議会に対しても、マイクロ・ブルワリーへの酒税の減税要求を後押ししたり、マイクロ・ブルワリーの業界団体への寄付などを行っているのだそうだ。

そのような経緯もあって米国では多くの州でマイクロ・ブルワリーのビールの酒税は大手メーカーの半額程度だ。それでも手作業工場で丹念に作られるビールの値段は大手よりも高い。たとえば、バドワイザーが一缶七五円のとき、同じサイズのマイクロ・ブルワリーのものが二二〇円で売られている。約三倍である。しかし彼らは言う、たったの二ドルだと。喉が渇いてビールをたくさん飲みたいときは、バドを買う。でも俺たちの造るものはまったく別の飲み物だ。五ドルなら考えるけど、二ドルだ。米国人はそんなに貧乏じゃないよ、というのであった。

それを裏書するように、米国の多くの町でマイクロ・ブルワリーが出現して、いろいろなビールを楽しむことができるようになっていた。

フロリダで僕がブルワー体験をしたマイクロ・ブルワリーの製品を含め、アメリカでも「ビア・ライゼ」が楽しめるようになりつつある。

それは、ヨーロッパで長い歴史を経て発達したビール文化とちがい、その土地に根ざしたビールではない。つまり、ミュンヘンには大抵のレストランにヴァイツェンが、ケルンに行けばケルシュがある、というような土地による特色はない。あるマイクロ・ブルワリーではピルスナーとヴァイツェンを造っているが、隣町のブルワリーではケルシュとボックを出している、というような格好だ。「ボック」といっても、ブルワーによってさまざまな思想を持って造っているから、実際に飲んでみるまでは果たしてどんなボックが出てくるかわからない。

だが、ほんとうに多くのマイクロ・ブルワリーが誕生したので、飛行機で何時間も乗ってまた次の町に着いても、また別のマイクロ・ブルワリーの「ボック」を楽しむことができる、なんて可能性もあるのだ。なんとも贅沢で魅力あるビール市場になったものだ。

こんなふうに、日本と似たような大手寡占市場を形成した米国では、いま人々が新たな豊かさとしてマイクロ・ブルワリーのビールを発見し、大手メーカーのビールとともに見事に共存しつつあるのだ。

最小限の道具でできる手造りのビール

実は、密閉できるプラスチックバケツがあれば、
ビールを造ることができるのです。もちろん
道具が揃えば、それに越したことはありませんが。
アメリカで人々が楽しんでいる自家製ビールづくり、
その基本的な原理をご紹介しましょう。
（ただし日本ではアルコール度が１％以上の醸造物を
無免許で造ることは禁じられています）。

1　原材料と道具を揃える

●レシピ……「ビールの造り方」といったテキスト、あるいは原材料セットのマニュアルなどから、自分の造りたいスタイルのビールのレシピを選ぶ。原材料の分量や温度などは、ビールの種類や酵母によって異なる。原材料ショップには各種レシピもあるので、具体的な分量などは、実際にレシピを見て決めていただきたい。

●基本の原材料……麦芽（または濃縮麦汁＝麦芽エキストラクト）、ホップ、酵母（乾燥・液状がある）。3点セットで缶詰になっていることも多い。

○ほかに、砂糖少々。圧力装置がない場合、スタンダードな主発酵・熟成ののち、後発酵の工程が必要。そのとき「酵母のえさ」として砂糖を使う。

○麦芽エキストラクトを用いる場合、“hopped”と書いてあればホップは添加されているので不要。苦味を増したいときや、"unhopped"と書いてある場合はホップを別途用意。麦芽からはじめる場合もホップが必要である。

○ホップは花鞠のまま真空パックしたものと、花鞠を粉砕しペレット状に固めたものがある。ペレットは香味に変化はなく、むしろエキスを抽出しやすいのでお薦めだ。

●基本の道具……麦芽エキストラクト使用の場合は、①大鍋、②発酵容器（密閉可能なバケツ）、③ビニール・チューブ、④温度計、⑤ビール瓶、⑥王冠、⑦王冠打栓機、⑧消毒用エチルアルコール（霧吹き機）が基本セット。麦芽から始める場合、麦芽の粉砕機、麦芽を湯に浸しておくストレーナー付き容器（麦芽を濾すざるを取り付けた鍋だが、普通の鍋と⑨ふるいでも代用可能）が別途必要。だいたいビールのタイプ別に売られている。

なるべく家庭のキッチン用品を使ったとすると……
（専用のセットは便利なものがいろいろ出てます）
・ほかに ⑩瓶洗い
⑪ろうと、など。
⑨
⑪
⑩
⑧
①
⑤
②
③
⑥
⑦
④

○発酵容器の蓋に、ビニール・チューブが気密を保って差し込めるだけの穴を開ける。チューブから発酵生成物の炭酸ガスを排出するがチューブ先端は水を張ったコップに入れ、外界と発酵容器内を水で仕切る（＝エアーロック）。チューブを使用せずに簡単にエアーロックできる小道具もある。ただしビニール・チューブは、ビールを瓶詰めするときも必要なので、いずれにせよ準備する。
○既成のレシピの場合はこれで間に合う。自分でレシピから造る場合には、比重計、さらにＰＨ計があるとよい。
○レシピ（味の構成）造りからトライしたい場合は第五章（p200～p205）の数値を参照のこと。
○複数の麦芽を混合してみるのも面白い。色を濃くしたければ、深くローストされて真っ黒な麦芽を混ぜればよい。しかし、ベースモルト（量的にメインとなる麦芽）にはあまり色の濃いものを選んではいけない。ローストが強すぎると、麦芽内の酵素が失活していて麦芽内のデンプンを糖に変える力が弱すぎるのだ。

○日本の大手ビールに近い、比較的すっきりした味のビールを造りたければ、副原料としてデンプンの代わりに砂糖を麦芽の10～40％程度加えてもよい。

2―A　麦汁をつくる（麦芽を挽いて始める場合）

①麦芽は粉砕機で、一粒を数個～十個程度のざらめ状に砕く。それをストレーナー付き鍋に入れ、60℃に温めた湯をたっぷり加えて小一時間浸す。その間に温度が40℃を下回ったら60℃近くまで温める。麦芽に含まれる酵素によるタンパク質の分解を行う（＝プロテイン・レスト）。

②鍋を温め68℃でさらに一時間強保つ。麦芽に含まれる酵素がデンプンを分解し、酵母が食べられる糖（二糖類または単糖類）にする（＝糖化）。この間、温度が65℃より下がったら68℃まで上げるが、一回でも上げすぎて75℃を超えると酵素は失活してしまうので、要注意。

○ピルスナー系のすっきりした味わいのビールを造りたければ、一時間半ほどかけてデンプンをしっかり糖化する。逆にベルギー・ビールのようなまったりタイプを造るなら、糖化をやや早めに切り上げデンプンを少々残す。

○副原料にコーンスターチなどのデンプンを添加するなら、粉砕した麦芽に合わせておき、糖化させる。

③糖化の終了時間になったら、温度を80℃程度まで一気に上げる。酵素は失活し、これ以上糖化は進まない。なお、温度が低いと粘り気のある甘い汁が麦芽の殻にくっついて効率良く麦汁を取れな

いので、温度をしっかり上げておかねばならない。
④ストレーナーで麦芽の粕を濾し、煮込み鍋に麦汁を移す。まだ麦芽に甘い汁が残っているので、80℃以上の湯をかけて粕を濾し、麦汁を煮込み鍋に移す。レシピに指示された麦汁の量に達するまで湯をかける作業を繰り返す。

2-B　麦汁をつくる（エキストラクト使用の場合）

①缶詰を開けて、水飴状のエキストラクトを、指定された分量の湯に溶かす。指定された温度は無視して、湯は必ず100℃に沸騰させておくことをお薦めする。

3　麦汁を煮込む

①鍋の麦汁を沸騰させる。沸騰する直前にホップ少々（苦味用ホップの1／10〜1／20程度）を入れておく。突沸を防ぐ効果があるし、麦汁に残っているタンパク成分とホップの苦味成分の結合を済ませておく効果もある。
○hoppedの麦芽エキストラクトの場合は、ただ煮込む。unhoppedを使用した場合、麦芽から始めた場合は、苦味用のホップを投入する。
○砂糖を副原料として加える場合は、この段階で投入。
②麦汁が沸騰したらすぐ苦味用ホップを全部投入する。苦味用と香り用のホップは抽出すべき成分が異なるので、香り用は煮込みの最後に投入すること。タイミングを誤ると苦味は効果半減、香りは効果なしとなるので注意だ。
③麦汁は、苦味用ホップの投入から最低1時間は煮込み苦味成分を溶け込ませる。また、hoppedの麦芽エキストラクトも苦味はすでに出来上がっ

ているが充分煮込む。余分なタンパクを固めてビールに入れない効果がある。

○煮込んでいる最中は、鍋にへばりついて吹きこぼれないよう注意しながら勢いよく煮込まねばならない。コトコトと弱い煮込みでは、よけいな油分が飛ばず、すっきり感に欠けるビールになる。

④煮込みが終了したら、火を止める寸前、または火を止めた直後に香り用のホップを投入する。ホップの抗菌作用により、清潔にあつかってさえいれば、火を止めた直後に投入しても雑菌上の問題はない。

4　麦汁を冷やす

①香りホップを投入した麦汁を、あらかじめ洗浄・消毒した発酵容器に移す。

○作業は手早く行なう。雑菌が入ったらおしまいだ。発酵容器に移動したら、蓋を閉め、エアーロックをつけておく。

②容器全体を水を張ったたらいか風呂の中に入れ、水を流しながらできるだけ早く温度を下げる。使用する酵母の種類によって最終温度は異なるが、エールであれば、18℃～22℃、ラガーなら8℃程度に下げる。

5　酵母の投入

①目安の温度まで麦汁が冷えたら、酵母を投入する。液体酵母であれば、そのまま投入してよい。

②乾燥酵母の場合には、麦汁投入の10～15分くらい前に35℃～40℃程度の少々のぬるま湯に溶かしておく（ラガー酵母も同様）。乾燥酵母は温度の低い水でいきなりもどされるとショック死しやすいのだ。ただし、あまり早くやりすぎると、蘇っ

た酵母が空腹で死んでしまうので要注意。ぬるま湯で戻した後、少々のレモン汁と麦汁を少々入れてやると予備発酵ができて良い。
○酵母を麦汁に投入するときは、発酵容器の蓋を開けなければならないが、このときに空中雑菌が入らぬよう、清潔な部屋で、素早く行なうこと。

6　発酵・熟成温度の管理

①発酵温度を管理＝目標とした麦汁の温度をキープする。
○発酵温度を高めにするとフルーティーな味が出やすい。しかし、発酵温度が24℃を超えると、好ましくない香りを発するようになるので注意が必要だ。また、エールでは13℃を下回ると全く発酵しなくなるので、温度を下げすぎてはいけない。
○また、発酵・熟成期間中を通し、できるだけ暗

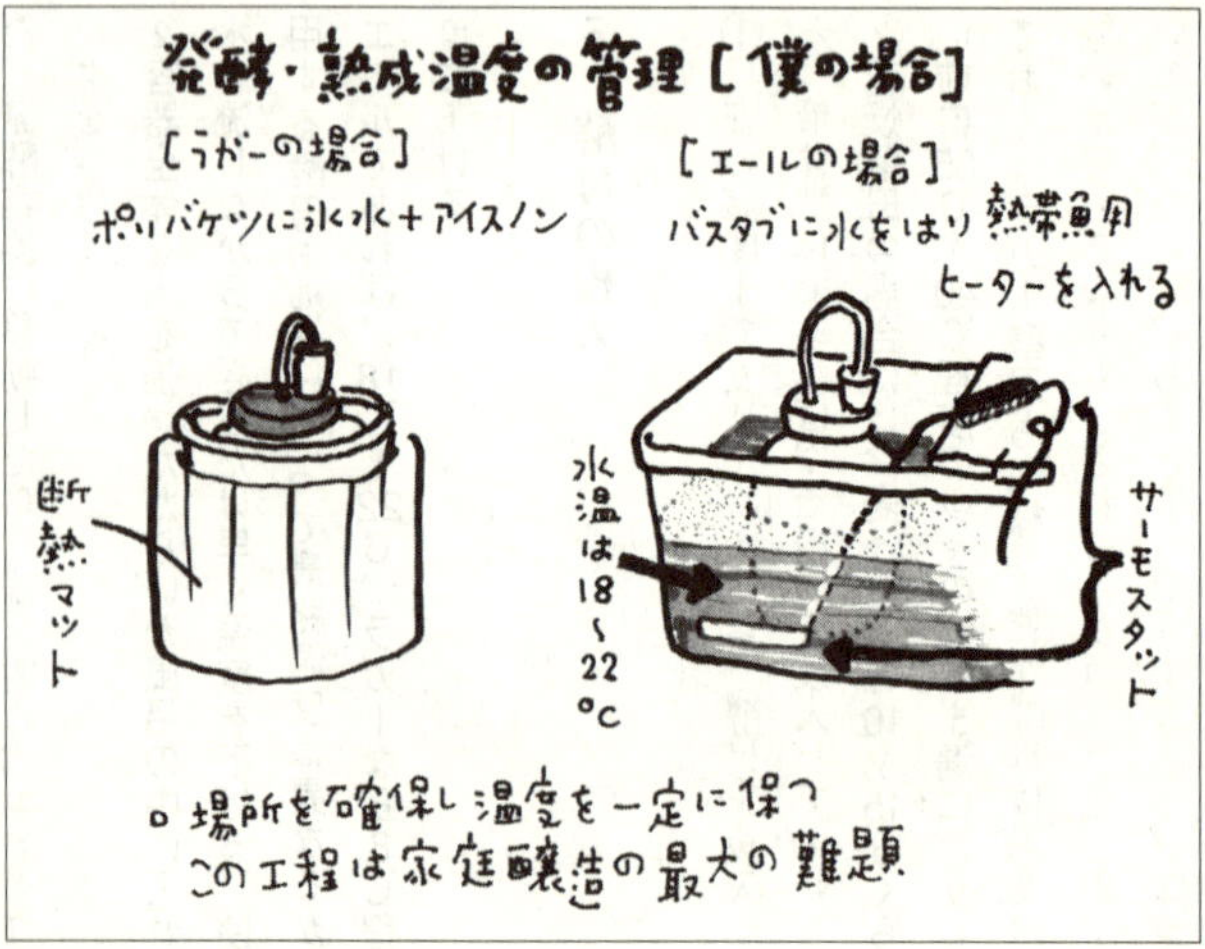
発酵・熟成温度の管理［僕の場合］
［ラガーの場合］
ポリバケツに氷水＋アイスノン
断熱マット
［エールの場合］
バスタブに水をはり熱帯魚用ヒーターを入れる
水温は18〜22℃
サーモスタット
・場所を確保し温度を一定に保つ
この工程は家庭醸造の最大の難題

いところに置く必要がある。ホップの苦味成分が光によって酸化するからである。

②エールの場合、最初の3〜5日程度で激しい発酵は終了する。ラガーでは、発酵温度により、1週間から1ヵ月が主な発酵期間の目安となる。

③エアーロックからぶくぶく出てくる炭酸ガスがまったくなくなってから、エールでさらに3、4日、ラガーは1ヵ月から数ヵ月、熟成期間を持ちたい。

○家庭醸造では瓶詰してから熟成（後発酵）させるが、本来の熟成は瓶に詰める前に行っておく。この熟成期間に、生物的でなく化学的な変化により人間にとって青臭く感じる香りが抜けていくから、これを早々に瓶内に閉じ込めてはうまくない。

○容器の底には、発酵の終盤から熟成期にかけて、沈殿物（おり）が溜まってくる。これは麦汁内のタンパク、発酵を終了した酵母、ホップの粕など。これらにはじっとしていてほしいので、できるだけ容器は動かさないようにする。発酵できる酵母は、自ら液内を移動し、糖濃度の差がないように均等に発酵してくれるので、かき混ぜは厳禁。

④熟成が終了したら、エールもラガーも、できるだけ温度を下げる。0℃に近いほど良いが、0℃より下げてはいけない。こうすることで、上面発酵のエール酵母も下に沈み、ラガーもエールもビールが澄んでくる。

7　びんに詰める（同時に後発酵の準備）

○発酵終盤で生成した炭酸ガスを自然にビールに溶け込ませて、ビールづくりは完成する。工場で醸造する場合は、熟成終了のちょっと前にエアーロックを止めて、圧力をある高さに保てばよい。しかし、家庭醸造では圧力調整装置がないので、瓶に詰めるときに新たに砂糖（＝酵母のえさ）を加えて、瓶内で最後の一押しの発酵をしてもらい、炭酸ガスを溶け込ませるのである。

①ビール瓶をよく洗浄・消毒しておく。

○びん詰め後に圧力がかかるので、必ず「ビール瓶」を使用すること。炭酸飲料用でない瓶には、圧力に耐える強度がないからだ。

②ビール1リットルあたり5グラムの砂糖を、滅菌済みのロートなどを通して瓶に入れておく。

○砂糖の入れすぎにはくれぐれも注意のこと。これよりも多いと、後発酵のガスが多くなりすぎて、びんが破裂したりする。

③熟成が終了し、酵母が沈んだビールの、上澄みだけを瓶に移す。なるべく底の「おり」を吸い込まないよう注意しながら、ビニール・チューブをビール内に沈めて端を塞いで外に出し、サイフォンの要領でびんに移動する。

○手もビニール・チューブも王冠も、ビールに触れるものはすべてエチルアルコールで消毒しておくこと。これを怠るとビールは簡単に雑菌に汚染されて酸っぱくなったり、悪くすれば悪臭を伴うことにもなりかねない。最も注意を要する工程だ。

○消毒済みの発酵容器がもう一つ用意できれば、「おり」を残して全量を移し変えることを薦める。この場合は、新しい方の容器に、あらかじめビール全量に対する砂糖の量を出来るだけ少量のお湯で溶いたものを入れておく。瓶一本一本に砂糖を入れる作業が必要がなくなり、トータルで見れば空中雑菌などの汚染リスクも軽減される。

④ビールを入れたらすぐに王冠打栓機で栓をする。あとは、20℃前後のところに一週間ほど置いて完成だ。

第三章

ビール学入門

ビール通への道①

伝統のビア樽運び。ブリュッセルにて。
1989©opt/OLIOSI P（ベルギー観光局提供）

ビールは何も考えないで飲んでも楽しい。でもビールの歴史や文化、造り方を知ることで、いっそう楽しく飲めることに僕は気がついた。学問を過大視したり、何にでも薀蓄を語りたがる輩《やから》は好きではないのだが、一人のビールファンとして、より深くビールを楽しむためのビールの基礎知識について紹介しよう。

ビールの定義

まず、ビールとは何だろう。

ビールの定義にはいろいろな考え方があるが、一番判りやすいところで、日本の場合を例にとってみよう。日本の酒税法では、ビールは次のように定義されている。

「イ　麦芽、ホップ、及び水を原材料として発酵させたもの」

「ロ　麦芽、ホップ、水及び米その他の政令で定める物品を原料として発酵させたもの。但し、その原料中当該政令で定める物品の重量の合計が麦芽の重量の十分の五をこえないものに限る」
「イ」はいわゆる「麦芽一〇〇％」のビールだ。バイエルンで一六世紀に制定され、現在も遵守されているビール純粋令と同じである。ドイツでは、いまだにこの方法で造られたものしかビールとして認めていない。

いっぽうの「ロ」は、日本のお国事情によって制定された附則である。麦芽（モルト）だけでビールを造ると原材料費が高い。そこで、米などのデンプンを麦芽の代わりに使用してもビールとして認めることにしたわけだ。ただし、麦芽使用比率が五〇％以上であることが規定されている。さらに、麦芽以外の原料（いわゆる副原料）にも規定を設けていて、使用できるのは、米、トウモロコシ、コーリャン、ばれいしょ、デンプン、糖類、カラメル（着色料）に限られている。これ以外の原材料が入っていると、たとえ麦芽九九％であっても酒税法上は「ビール」とは認められない。したがって、コリアンダーなどの香辛料が入っているベルギー・ビールは、日本では発泡酒になってしまう。もちろん、ベルギーではそれも立派な「ビール」である。

これらに共通しているのは、「麦芽とホップを主原料としたアルコール飲料」であること。しかし、ホップの使用が目立ってくるのはせいぜい八世紀頃。それ以前にはさまざまなハーブ類が使用されており、ホップの使われていないビールも多かったようだ。したがって、歴史をふまえると、ビールの定義は次のようになると思う。
一、麦芽を主原料として醸造したアルコール飲料。（ビールの元祖）
二、麦芽以外に、果汁やスパイスなどを加えて醸造したアルコール飲料。（ベルギーなど）
三、麦芽以外の材料はホップのみと定めて醸造したアルコール飲料。（ドイツ）
四、三をベースに、デンプン・糖類を加えて醸造したアルコール飲料。（日本、米国など）

ビールの歴史

■その起源——紀元前五世紀以前：メソポタミア、古代エジプト

ホップの使用にこだわらなければ、麦芽を利用したアルコール飲料の歴史はとてつもなく古い。

人類の生活の記録が残っているもっとも古い時代に、すでに麦芽からつくった飲料は存在していた。今から約五千年以上も前のメソポタミア文明における楔形文字の粘土板やエジプト文明の壁画に登場し、古代人が当時、すでにビールを造っていたことを証明している。が、これ以前の時代については謎が多い。人類が麦を見つけて以来、いつビール造りが始まっていても不思議ではないのだ。

麦の栽培など、農耕文化の始まりは今から八五〇〇〇年ほど前と言われている。ビールの起源は、今から八五〇〇年位前から五五〇〇年位前までの間のどこか、一言で言えば「よくわからないくらい昔」から飲まれていた、ということだろう。

メソポタミア文明のシュメール人が残した楔形文字には当時のビールの種類までも記してあることが解読されている。しかし、製法としては古代エジプトの壁画のほうが当時の様子をリアルに想像することができる。歴史に刻まれたもっとも古いビールとして、古代エジプト時代のビール造りを再現してみよう。

1 麦から麦芽を作る。

大麦に水をかけて発芽させた後、神なる太陽で乾燥させる。この工程は、天日を使わなくなった今でも行われている。麦は、収穫したそのままの状態では使うことはできない。酵母は、麦のデンプンを食べて発酵することができないからだ。酵母が発酵するためにはデンプンを酵素（アミラーゼ）によって分解し、ショ糖や果糖のような二糖類または単糖類に変えておく必要がある。麦は、発芽させると中に自然と酵素が発生する。だから、ビール造りではまず、麦を発芽させた「麦芽」をつくるのである。ビールづくりの基本は、麦芽から始まるといっても過言ではない。

しかし、麦芽は発芽後ほうっておくと芽を出してどんどん成長してしまう。アミラーゼがデンプンに作用して葉や根になってしまう前に、乾燥させて成長を止めなければならない。逆にいうと、乾燥させることによって麦芽を長期保存することも可能になるわけだ。

2　麦芽を粉に挽いて水を混ぜてパンを作る。

パンにすることで麦芽のデンプンと酵素が水を介して接することができるので、きわめて反応しやすい状態を作り出すことができる。麦芽は、粉に挽いても殻が混じっていたりするので粘性は低い。壁画を見ると、古代エジプト人たちはきれいな丸型のパンをつくっていたようだが、じっさいには麦芽だけだと小麦粉をこねるように簡単には壁画のような丸い形は作れない。現在では、パンを作る工程はないので比較的粗引きにしているが、僕は、この当時は結構細かく挽いていたと想像している。

3　丸めた麦芽のパンを竈に入れて焼く。

酵素がデンプンを分解するのに適した温度は六〇℃から七〇℃。八〇℃を超えてしまうと、酵素の活動を止めてしまう危険性がある。そこで、パンはじわじわと焼いてできるだけ適温に保つことが、その後の発酵を成功させるキーになってくる。しかし、表面のちょっとした焦げがビールの香ばしい風味付けに欠かせなかったであろうことは、想像に難くない。

4　焼きあがったパンをほぐしてお湯に溶かし、香草や蜂蜜等を入れて味つけする。

発酵させるための「麦汁」を造る工程は、仕込みの最終段階だ。焼きあがったパンをお湯にとかして麦汁を得るのだ。

焼きあがったパンは、酵素がデンプンに作用し、二糖類や単糖類がたくさんできて甘くなっていたはずだ。この甘さが酵母の食糧となるのだ。しかし、それだけでは出来上がったビールが味もそっけもない「アルコール水」になってしまうので、じっさいにはさまざまなハーブや蜂蜜等を添加したことが伝えられている。

こうして味付けが終了した麦汁は、酵母が発酵活動を行うに適した温度である二五℃から十五℃の間になるように冷まされた。

5　できた麦汁を壺に移して一次発酵させる。

麦汁を上手に発酵させて美味しいビールを造るには、発酵温度の管理が欠かせない。そこで、エジプト人たちは麦汁を地下室のようなところに保管していたようだ。勢いの良い初期の発酵ではぶくぶくと泡を出す。現在では、発酵の効率を良くする分量の酵母を投入するので、四日もすればこの工程を終えることができるが、当時の効率はそれほど良くなかったと思われるので、一週間またはそれ以上かかっていたに違いない。この期間を現在では一次発酵という。この工程で、アルコール度はほぼ最終値に達するが、俗に「若ビール」と言われているように、まだ青臭く味も良くない。

＊この当時は「酵母」という微生物の存在は知られていなかったと思われる。一連の壁画の中に、酵母を酒母として特別扱いしている絵がないからだ。

当時は空中から自然落下する酵母によって発酵させていた、と考える人もいるが、僕はそうではないと思う。現在でも、ベルギーには大気中の自然酵母に頼る製法がある。しかし、それはホップという抗菌作用の強い原材料がふんだんに使用されることと、ヨーロッパの比較的寒くて乾燥している気候に負うところが大きい。エジプトはヨーロッパに比べ温暖で、空中雑菌の数が圧倒的に多いと考えられる。また、当時はまだホップが使われていなかったことを考慮に入れれば、体験的に残りビールを利用して「酵母の圧倒的多数」の状況をつくっていたと考えるほうが自然である。当時は失敗することも多々あっただろう。しかし、ピラミッドを作った文明の力はあなどれない。ビールは、労働報酬や重要な食糧としてある程度、定常的な生産が確保されていたふしがあるのだ。「小作人の一日の労働報酬にビール二杯と……」という、壁画に残された労働条件を規定する言葉が、それを裏付けている。

6　別の壺に移し変え、栓をして貯蔵（＝**熟成**。**二次発酵**）**する**。

ビールは一次発酵が終了すると濁りが少なくなる。そもそも麦の粕は仕込みのときに取り除かれているので、日本酒のように絞らなくても酒粕に相当する「おり」は勝手に沈殿し、きれいな上澄みができる。その上澄みを別の壺に移して口を粘土で塞ぎ、地下室に保管してじっくり熟成させる。この工程を二次発酵という。二次発酵ではぶくぶくと音が出るほど活発な発酵は起こらないが、発酵はさらに進む。その結果出てきた炭酸ガスは、壺が塞がれているために外に出て行くことができず、ビールの中に溶け込むしかない。当時の壺では大きな圧力には耐えられないし、冷蔵技術もなかったので、炭酸が現代のビールと同じくらいきつかったとは考えづらいにせよ、発泡性のあるビールがつくられていたことは確かのようだ。

■中世初期――ローマ帝国のワインvsヨーロッパのビール

古代エジプトやメソポタミア以降は、古代ギリシアを経て地中海一帯を広く支配するローマ帝国が幅をきかせる時代に突入する。ギリシアやローマといった南ヨーロッパではぶどうの栽培がさかんで、ビールよりも簡単に作れる「ワイン」がたくさん造られていた。

当時は南ヨーロッパのほうが文化的にも政治的にも「上」という意識があったのだろう。エジプトのビールはワインに比べてまずい酒、といわれていたらしい。僕も以前いくつかのハーブ類を使って、友人たちと古代エジプトのビールを造ってみたこともあるし、ワインも造ってみた。じっさいに両方つくってみて、冷蔵庫のない時代のハーブのビールでは、僕がどんなにビール好きでも、ワインに軍配があがった。これには正直、ちょっと悔しい気持ちになったが、ヨーロッパのビールが何もエジプトで造られていたものと同じだったとは限らない。当時の北ヨーロッパは政治的にも文化的にも歴史の大舞台への関与が少なく、生活についての記録はほとんど残っていない。北ヨーロッパではぶどうが栽培しづらいし、ワインの発酵温度が比較的高いことからワイン造りには適していなかった。だからといって酒を飲まない民族はいないだろう。麦などの穀物を使って旨い酒造りを試みていたのではないかと考えるのはごく自然である。

彼らのビール造りのルーツがエジプトやメソポタミアから伝授されたものなのか、それとも独自に考え出したものなのかは不明だ。比較的古い足跡としては、今から二〇〇〇年ほど前にゲルマン人が麦を使って酒を造っていたことが当時のローマ人によって記されているという。

ゲルマン人たちよ、君たちはいったいどんなビールを造っていたのか。

■中世のヨーロッパ――ゲルマン民族のエール

ブリテン島の先住民族、ケルト人。彼らは「ミード」と呼ばれる蜂蜜酒を造っていた。純粋な蜂蜜のほかに、麦などの穀物を混ぜた酒もあったようだ。しかし、それをビールとするかどうかは、意見の分かれるところだ。イギリスが今日のようなビール大国になったのは、やはりゲルマン人の移入以降であろう。

西ゲルマンに属するアングロ・サクソン部族がブリテン島に入ってきたのは五世紀の中頃で

ある。一方、ローマに侵入された頃には、ローマ人によってもたらされたワインの生産がはじまっている。ワインとビールの両方を手に入れたこの島のその後の歴史を見ると、ワインに比べてビールが生活に根付いている。イギリスの気候も関係あるのだろうが、もはや、ローマ帝国時代のように、ワインだけが美味しい酒という時代は終焉をとげ、ビールがヨーロッパにおいてなくてはならない酒としての地位を確立していくのである。

こうして、ゲルマン民族の移動とともに、ビールはヨーロッパ全土に広がっていったと考えられる。当時のビールは「エール」である。道具こそ未発達ではあったが、製法は基本的に現在と同じだった。現在のビールとの決定的な違いは、原材料にホップが使用されていなかった、という点である。ホップの代わりに、エジプト同様、さまざまな香草などが使用されていた。

■第一次変革期：ホップの使用（八世紀〜十七世紀）

僕は、今日に至るまで、ビールの歴史には二つの大きな変革期があったと考えている。第一の変革はホップの登場である。

ホップは古代エジプトでも使用されていた痕跡があるが、最初にその効用を理解して選択的にビールに用いたのは八世紀のバイエルン地方と言われている。その頃、ホップの栽培を始めたという記録があるからだ。ホップはとても苦味が強く、ビールに使わなければわざわざ栽培するほどの需要があったとは考え難い。ホップの微生物への抗菌効果が強いことがビール醸造にとって大きなメリットとなった。ビールはワインほどアルコール度が高くならず、腐敗しやすい。その欠点をホップが見事に補ったのだ。

ベルギーのランビックでは今でも自然酵母を利用している。当然、空中の雑菌も入ってくるため、大量のホップを使用する。通常のホップでは苦くて飲めなくなるので、ホップを一年以上も寝かせておき、苦味成分を飛ばしたものを使用している。これによって、ほかにない清涼感を持つ酒がうまれるのである。味よし、殺菌効果よし。ホップほどビールにマッチした原材料はない。ビールを美味しくしたのみならず、醸造の成功率も保存状態も格段に向上したに違いない。

こうしてホップの使用がヨーロッパ各地に広がっていった。しかし、イギリスだけは極端に導入が遅れた。一七世紀までホップの使用が認められなかったのだ。ビール造りに使用されていたハーブ類はグルートと呼ばれており、グルートの販売権を役人が握っていたからである。

エールを造って売るパブは、「エールハウス」といい、中世以前、その主人は「エールワイフ」と呼ばれる女性だった。当時は酒税法が幅を利かせており、エールワイフに対する取り締まりは厳しかったようだ。また、当時は保存状態がよくなかったこともあり、エールを年間を通して醸造・販売することはなかった。だから、エールハウスでは、「エールあります」という看板の代わりに、エールステーク（ALE STAKE）と呼ばれるほうき（魔法使いのほうきに似ている）を建物の壁に突き刺していたという。一五世紀の記録によれば、「エールを販売していないときにはエールステークを取り外すべし」とか、「エールステークの長さは七フィート以内とする」など、法による取締りもあったようだ。

■第二次変革期：冷蔵技術の登場、ラガーの旋風

ビールの歴史における二つ目の大きな変革は冷蔵技術の登場である。あらゆる酒類の中で、ビールほど冷蔵技術の恩恵にあずかったものはない。製造技術を飛躍的に改善したのみならず、冷たいビールは、清涼感の楽しめるアルコール飲料として世界中の酒市場を席巻するに至った。そのきっかけとなったのが、ラガー・ビールの誕生である。

ラガー・ビールは一五世紀の終わり頃、南ドイツのバイエルンで生まれた。そのころのバイエルンは、ゲルマン国家の中でもビールの美味しくない地域としてつとに知られていた。北に比べて気温が高く、水質が硬めでエール・ビールを造るのには不利な条件であったこともあるだろう。それが、冬の間、凍らないようにして保存しておいたビールを春に飲んでみたら美味しかった、という偶然の出来事からラガーが発見された（というのが通説となっている）。

ラガー・ビールが発見されたものの、その後もビールの品質における北部優位は長くつが

えらなかった。一六世紀末から一七世紀の初めにかけて、バイエルンは王室の肝いりで醸造所を建設、有名なボックの産地アインベック市から醸造家も招聘した。しかし、酵母が微生物であるということがまだ知られていなかった時代のこと。原材料や仕込み方法はアインベック市のやり方に従ったものの、酵母はバイエルンに元からあったものを使ったために、いつの間にかボックはラガー・ビールになってしまった。……という経緯は前章でご紹介したとおり。

では、いったいいつごろからアインベックのエールよりバイエルンのラガーのほうが有名になったのだろう。「ここから」という線引きは難しいが、明らかなのは、やはり冷蔵技術が現れる十九世紀後半であることは間違いない。全般的に香りが少なくてすっきりした味わいのラガーこそ、冷やして飲むにふさわしいビール。ドイツ人たちは、新たなビールの美味に開眼したのだ。

ビールの原材料

ビールの基本的な原材料は、酵母、モルト（麦芽）、ホップ、そして水である。この四つがあれば、ビールをつくることができる。そのほかに、コーンスターチなどの発酵用の糖質副原料や、コリアンダーのような味付け用のスパイス、フルーツなどを使うこともある。こうした原材料が異なれば千差万別のビールができるのは当然だが、基本はあくまでも、酵母、モルト、ホップ、そして水である。そこで、まずは基本的な原材料について説明することにしよう。

■酵母の発見

ビールはエール・ビールとラガー・ビールに大別することができる。この違いは、単に使用する酵母の違いに他ならない。エール酵母は、発酵が終了すると炭酸ガスと共にビールの上面に浮上するので上面発酵《じょうめんはっこう》酵母と呼ばれ、一方のラガー酵母は発酵終了時にビールの下面に沈降するので下面発酵《かめんはっこう》酵母と呼ばれている。エール・ビールのことを別名、上面発酵ビール、ラガー・ビールのことを別名、下面発酵ビールというのはそういう理由からで、これらの言葉は酵母が微生物であることが判明する前から経験的に使われていた。ここで注意しておきたいのは、どちらの酵母も、発酵自体はビール液内全体で行われるということ。上面発酵だからといって、発酵自体がタンクの上面で行われたり、下面発酵が底の部分だけで起こるのではない。

一九世紀終わり、とうとう酵母の正体が明らかになった。腐敗が微生物の仕業であることを発見したフランスの生物学者、パスツールの偉業である。パスツールはさらに、エールとラガーの違いが酵母菌の種類の違いであることを突き止めた。しかし、当時は完全に別の「種」であると思われていた。つまり、犬と狼のように別の生き物だ、という考え方だ。ところが最近になって、同じ種の変種、つまり柴犬とシェパードの関係ではないかという説も出てきた。未だに論争が続いているが、美味しいビール造りへの寄与は少なく、学問的な興味の部分なので、この話は生物学者にお任せするとしよう。

■酵母――エールとラガーの特徴

ひとくちにエールタイプといっても、味も、色も、香りも、コクも、透明度も、泡だちの具合も種々さまざま。そのバラエティこそがエール・ビールの特徴といっても過言ではない。

しかし、強いてその特色をいうとすれば、味わいは複雑で濃厚、香りも芳醇で、色や透明度は概して濃い目で濁り気味のものが多い。また、エールタイプのビールはフルーティな香りがすることも特徴のひとつだ。フルーツや香料は加えていないのにフルーティな香りがするのはなんとも不思議だが、これは発酵の過程でエステル化合物（エチルアルコールではない）ができやすいためで、ビールが発酵する温度と関係がある。

エール酵母は一三℃〜三八℃という比較的高い温度帯で発酵する酵母で、一般にエール・ビールを造るには、暑からず寒からずの一八℃〜二二℃がもっとも適した温度帯と考えられている。一般的なエール酵母は数日の間に力強く発酵し、発酵の期間はラガー酵母に比べて短い。だから、エール酵母を使ったビールの多くは製造から一、二週間で飲めるようになる。

エール酵母はメソポタミア、古代エジプト時代から人類に喜びを与え続けてきた歴史の長い酵母だ。現在でも、イギリスやベルギーを中心にエールタイプのビールがたくさん造られている。今にいたる代表的なエール・ビールのスタイルには、イギリスのペール・エール、スタウト、ポーター、ベルギーのアビー、ランビック、ベルジャンホワイト、ドイツのヴァイツェン、ケルシュ、アルトなど。いずれ劣らぬ個性際立つビールのオンパレードといった感じで、ビールファンにとってはたまらなく魅力的だ。

いっぽう、ラガータイプのビールは日本でなじみ深い。エールに比べエステル成分が少ないこともあり、おおむねすっきりした仕上りなのが特徴。ラガー酵母は五℃という寒いところでも発酵することができる。伝統的には、八℃以下で一週間程度、その後、五～〇（またはマイナス二）℃程度まで冷やしながら一ヵ月程度熟成させて仕上げる。この、低温で長期間熟成保管する工程をドイツ語で、Lagerung という。これが語源となってラガー（Lager）という名前が生まれ、このタイプのビールをラガー・ビール、その酵母をラガー酵母と言うようになったというわけだ。また、ラガー・ビールはその語源通り発酵と熟成がゆっくりとしたペースで行われるため、品質を一定に保ちやすいというメリットもあったようだ。

一九世紀になると、モルトの焙煎温度の調節技術が発達し、それまで色の濃い目のモルト（色の濃い目のビールになる）が主流だったのに対し、現在、私たちが見慣れている黄金の淡色ビールの製造も可能になった。

ただし、これはあくまでも伝統的な手法によるもので、現在売られているラガー・ビールの製造法はこれとは違う。以前は、ラガー・ビールの発酵・熟成にはとにかく低温が適しており、長期間かけなければならないと考えられていた。ところが最近になって、熟成のときに起こる反応のほとんどが化学的なものだということが明らかになってきた。化学的反応だとすれば、低温では時間がかかって当然だ。そこで、低温で一ヵ月熟成させる代わりに、一五℃程度で三、四日熟成させるという手法が編み出された。最近の、少なくとも海外の大手ビールメーカーでは、この方法が主流になっているようだ。フィンランドのあるメーカーでは、若ビールを熱交換器で一気に七〇度から九〇℃に昇温して数時間で熟成させているらしい。また、日本のある大手メーカーの研究者が、臭気成分の代表格であるダイアセチル生成のもとになるアルファ・アセト乳酸を分泌しないビール酵母を遺伝子組み替えで発現させ、ラガーリング自体がほとんど不要になる技術を開発したという報告もある。科学の発達とともに、「ラガーは低温で熟成させたビール」という概念は、もはや風前の灯になりつつあるようだ。

したがって、以前は醸造方法の違いでもエールとラガーに分類できたが、いまや酵母の種類の違いこそが最も明確で説得力のある分類方法になっている。

■モルトの種類

モルトとは「麦芽」のこと。とはいっても、単なる芽の出た麦とは少しばかり違う。麦は収穫した後、冬季の冬眠を終えたところで水をかけてやると芽を出す。麦がちょこっと発芽した、いわゆる「モヤシ状態」の一歩手前のものを加熱（焙煎）し、それ以上の成長を止めたのがモルトだ。麦からモルトをつくる作業を「モルティング」といい、大手ビールメーカーはこの作業を自社（系列会社など）で行っている。しかし、わが社も含めた小規模ビールメーカーのほとんどは、モルティングの専門会社からモルトの状態になったものを購入している。

ビール用モルトには実にいろいろな種類があるが、原料となる麦の大半は二条大麦だ。六条大麦もビール用モルトの原料として使われないことはないが、二条大麦はビールに適するように品種改良を重ねられてきたので、現在ではもっとも多く使われるようになった。

発芽した二条大麦は焙煎温度により、温度が低いと色の薄いモルトとなり、温度が高いと色の濃いモルトになる（ここでは焙煎という表現をしているが、低い温度で行うときはむしろ「温風乾燥」と表現したほうが適当）。もっともよく使用される色の薄いモルトは八〇℃前後で温風乾燥され、一般的にペールモルトと呼ばれる。いっぽう、九〇℃程度で処理された少し色の濃いモルトの代表格としてはミューニックモルトが挙げられる。

焙煎の温度がこれ以上高くなると、発芽によって蓄えられたせっかくの酵素類が損なわれる。どんなビールを造るとしても、モルト内の酵素は欠かせない。そこで僕たちブルワーは、これらの基本的なモルトを総称してベースモルトといっている。いっぽう一〇〇~二〇〇℃といった高温で焙煎された、茶、濃茶、黒、といった濃い色合いのモルトもある。これらはスペシャリティモルトと総称され、ビールに味、色、香りの特徴を持たせるために使われる。モルト屋さんに行くと、チョコレートモルトやキャラメル（カラメル）モルトと名づけられたものもあり、見ているだけでもなかなか楽しい。

通常、ビールの仕込みはベースモルトにスペシャリティモルトを加えて行われる。ビールの色合いは、スペシャリティモルトの焙煎温度と量で決まってくる。だから、黒いビールを造ろうと思ったらベースモルトに、高い温度で焙煎された黒い色合いのスペシャリティモルトを多く加えて仕込めばいいわけだ。

また、ベースモルトとスペシャリティモルトの使用比率を調整することで、ビールに味わい深さやスッキリ感が出るように工夫することもできる。たとえば色は黒くてもよりさっぱりしたビールを造ろうと思えば、酵素の活性が強いベースモルトの使用比率を多くして、アルコール発酵されずにビールに残る炭水化物（エキス分）を少なくすれば、色は黒いが味のすっきりしたビールができる。たった一種類のベースモルトを単独で使用してもよいし、ベースモルトだ

モルトの見本。麦の種類や焙煎の度合いが多彩な味を生み出す。
（資料提供：コトブキ テクレックス株式会社）

けを何種類か混合してもかまわない。しかし、スペシャリティモルトだけでビールを造るのは非常識と考えられている。とはいえ、不可能なわけではないので、世界のどこかでそんなビールを造っている人がいるかもしれない。

モルトの中には小麦を使ったモルトもある。小麦は大麦のように堅い殻がないのでモルティングの際に壊れやすいとか、麦汁をつくるときに目詰まりをおこしやすいなど、醸造者からするとやっかいなモルトだ。しかし、たとえばバイエルン地方では、かの有名なヴァイツェンを造るのに欠かせないモルトとして使われている。ヴァイツェンの場合、一般的には使用するモルト全体のうち五〇〜七〇％程度を小麦モルトにする。小麦モルトはタンパク質が多いため、泡持ちが良く、フルーティな香ばしさと独特の濁りをもたらす。いっぽうベルギーのベルジャンホワイトと呼ばれるビールも小麦を使用しているが、こちらはモルティングしていない小麦をそのまま使用しており、一般的なものは小麦を四〇％程度使用している。

ベルギーやドイツにもモルティングしない小麦、オート麦をはじめさまざまな麦やモルトを混ぜてつくったビールもあり、モルトひとつとってもビールの世界は奥が深い。

■ホップの役割

ビールの原材料として使われるホップは、クワ科の蔓性植物だ。雌雄異株で、大きさ数センチ程度の松かさのような形をした緑色のやわらかな花びらの固まり、というか、果実を結ぶ。ビール造りにはすべて雌花が使われる。雌花の子房や包葉の中にはビール造りに欠かせない酸や油分が含まれているからだ。いっぽう、雄花は厄介者としてホップ畑からすべて取り除かれる。雄花があると雌花が受精してしまい、肝心な油分の組成が損なわれてしまうからである。

ホップはビールを造る上でいろいろな役割を果たす。ホップの役割を大別すると、次の四つがあげられる。

「一　苦みを与える」「二　香りを与える」「三　泡持ちを良くする」「四　殺菌作用を与える」どれも、ビール造りにとってとても重要だ。ホップはまるでビールのために生まれてきたような植物だと、つくづく思う。それでは、それぞれの役割について見ていくことにしよう。

一　苦みを与える

ホップの第一の役割は、なんといってもビールに心地よい苦味を与えてくれることである。ホップの中に含まれるα酸が、ホップを麦汁と一緒に煮込むことによって化学反応を起こして爽やかな苦味成分となるためだ。ビールに使用するホップは、四つのうちのどの役割を強調したいかによって扱い方が異なるが、ホップの大部分はやはり苦味成分を抽出するために使用される。われわれブルワーの間では、こうした苦み成分を抽出するために用いるホップを「ビタリングホップ」と呼ぶ。ビタリングホップは麦汁を煮込む初期の段階で投入し、一時間以上かけて煮込んでいく。煮込みの過程でホップの青臭い成分が蒸発し、爽やかな苦み成分ができてゆくのである。

二　香りを与える

ホップに含まれる油分がビールに香りを与える役割を果たす。ホップに含まれる油分は二〇〇種類以上の化学物質からできていて、微妙で多様な香りを演出する。ビールの香りは発酵・熟成の過程で生じるエステルなどの成分と、ホップの香りとのバランスでつくられている。ビールに香りを与える目的で使用するホップは「アロマ（またはアロマティック）ホップ」と呼ばれる。アロマホップは香りを含む油分が熱で飛んでしまっては意味がないので、麦汁煮沸工程の終了前後か、温度を下げた発酵タンク内に投入する。

三　泡持ちを良くする

ホップは、ビールの泡持ちを良くする役割も果たしている。ビールの泡持ちの良さは、ホップの苦味成分とモルトから抽出されるタンパクとが結合することで起こる。したがって、一般に苦いビールほど泡持ちが良いということになる。

四　殺菌作用

最近まで、ホップの重要な役割は殺菌作用であった。現代でこそ、ホップの殺菌力をはるかに超えた洗浄・殺菌処理を行うことができるようになり、醸造時の雑菌混入を防いでいるので殺菌作用の面でホップの活躍は少なくなった。しかし、もっぱら自然発酵に頼っていた近代以前のビール醸造や、現在でも欧州の一部の古い醸造所では、ホップの殺菌作用はとても重要である。ビール酵母とともに雑菌も繁殖し、味が劣化したり腐敗したりすることもあるからだ。

ホップはその油分がもっとも重要な成分であるため、成分が酸化したり蒸発してしまっては意味がない。したがって直射日光で乾燥させたりはせず、ビール醸造用には花をそのまま押し固めたり、粉砕してペレット状に押し固めたりして加工される。一般的には、ペレット状に加工されたものが品質保持の点ではもちろん、使用時の成分抽出にも優れているといわれている。また、中には液体状に加工してある商品もある。

ホップだけでも世界各国の銘柄が出回っており、ビタリングホップに適したものやアロマホップに適したもの、そのどちらにも適したものなどさまざまだ。良質のホップを生産することで有名な産地のものは、産地の名前がホップの品種名やブランド名になっている。その代表格はドイツのハラタウ地方やチェコのザーツ地方で、世界最高級品のホップといえば「ハラタウ」や「ザーツ」と謳われるほど。これらのホップは、爽快な苦みと穏やかで上品な香りが特徴だ。

ビールの原料として商品化されているホップは一般に冷涼な気候の土地でできたものが多い

ようだが、ホップは暑いところでも十分に育つ。僕は、ヒューストンの自家醸造家が自宅の庭でホップを育てているのを見たことがある。自分で育てたホップを使って自分でビールを造る……それはそれは美味しいビールができることだろうと、ちょっぴりうらやましくなった。

なお、ホップは日本国内にも自生している。カラハナソウと呼ばれているものの一種だが、地方によって別な呼び方もあるようだ。国内大手メーカー向けには、ホップの栽培も行われている。かつては山梨県や長野県がホップの産地だったが、現在は東北地方の方が多く栽培しているらしい。ちなみに、わが社の裏磐梯の名水仕込みビール「オー！ラガー」は、裏磐梯に自生しているホップをアロマホップとして使用している。

■副原料……発泡酒とは何か

日本で生産されているビールは、ほとんどの製品に麦やホップ以外の「副原料」と呼ばれるものが使われている。ビールの副原料には大きく分けて二つの種類がある。アルコール生成に使われる「糖質副原料」と、味や香りに変化をつけるために使用される「糖質副原料以外の副原料」である。

糖質副原料には、主に米やトウモロコシなどが用いられる。いっぽうの糖質副原料以外の副原料は、チェリーのような果物やコリアンダーのようなスパイスのこと。

ビール、ワイン、日本酒などの醸造酒は、主原料の糖分をアルコール発酵させせエチルアルコールを生成させるのが基本的な造り方。糖分は、日本酒では米のデンプンを麹菌の作用で糖化させたもの、ビールでは麦のデンプンを、ワインではブドウの果汁を使う。本来ならこうした主原料に含まれる糖分だけでアルコール生成するのが酒造りの基本だが、安価なデンプンを使用すればより安くアルコール生成することができる。そこで、副原料の登場となる。糖質副原料にはそのほかにも、より安価な材料を使ってエチルアルコールを醸造、蒸留した「醸造用アルコール」のようなものもあるが、こちらはもっぱら日本酒に添加され、ビールに使われることはない。

糖質副原料を使用する場合、まず粉末状の米やトウモロコシなどのデンプンを、高温の釜で糊状になるまで液体化させる。次に、糊状のデンプンをモルトからつくった麦汁といっしょに釜に投入する。すると、液状のデンプンはモルトに含まれるアミラーゼの作用によって糖化される。モルトを煮出した麦汁に副原料からできたデンプンを混ぜ、酵母を加えればアルコール発酵が起こる。つまりは副原料を使うことで、少しのモルト、すなわち少ないコストでアルコールができるというわけだ。したがって同じアルコール度数のビールをつくる場合、「糖質副原料」を使用すれば、当然ビールを安くつくることができる。反対に、モルト一〇〇％のビールは原材料費の高い「贅沢なビール」ということになる。

ヨーロッパの伝統的な製法のものとは異なる「純粋でないビール」、すなわち副原料を使用したお手軽なビールは、アメリカが起源だといわれている。

「ビアライントゥデイ（http://www.BeerlineToday.com/）」によれば、「アメリカでビール醸造が産業として始まった当初、アメリカ産大麦はタンパク質の含有量が多く、ビールが濁りやすかった。そこで、濁りを抑えるためにトウモロコシのような副原料を使い始めた。つまり副原料を使うことこそ醸造技術の革新だと主張しているわけだが、これはメーカーの表向きの理由ではないかと思う」という。それというのも、アメリカの醸造家たち自身が、「アメリカのお手軽ビールの発展は、経済的な理由からだ」と話しているからだ。

副原料を大量に含んだソーダ水のようなビールは、大量生産・大量消費という新しいライフスタイルにぴったりマッチし、価格、味ともにお手軽なビールは開拓時代のアメリカで支持され、世界に伝播していった。現在、日本のビールの主流となっているのは、こうしたアメリカスタイルのビールなのである。

日本で始めてビールが生産されたのは明治時代。当時はヨーロッパスタイルのビールもあったようだが、第二次世界大戦後、日本の産業はアメリカに追随して進んできたために、ビールも伝統的なヨーロッパ型ではなく、アメリカ型になってしまった。

ところで、最近になって日本のビールは糖質副原料の使用比率が非常に高くなってきた。糖質副原料の比率が麦芽の使用量を上回ると酒税法上もはや「ビール」ではなくなり、酒税も安くなるので販売価格をグンと安くすることができる。こうして生まれたのが、「発泡酒」である。

ここ数年、日本の大手ビールメーカーはこぞって「発泡酒」を売り出すようになった。消費者には「ビールと発泡酒はどこか違っているらしいが、ビールよりずっと安いのがイイ」ということで、売れ行きも上々のようだ。しかし、糖質副原料を含んだビールは、いわゆる「辛口」で「すっきり」した味わいになるものの、モルト一〇〇パーセントのビールに比べ、ビール本来の複雑な味や香りの成分は少ないものになる。

むろん、味の好みは人それぞれだし、TPOによって飲みたいビールのチョイスも違って当然だ。問題は、チョイスするための選択肢があるかどうかであろう。僕自身は味わい豊かなビールが好みなので、糖質副原料は一切使わず、原材料に贅沢をしたビールを造り続けたいと思っている。

これだけは押さえておきたい！――ビールのスタイル

多彩なビールの種類を「スタイル」といい、「○○○地方の×××スタイル」として一般的に認識されている。特定の地方で造られたり好まれていたビールが、味や色など飲む側の立場から識別されて確立し、広まった。このほか、通称、醸造元、さらに銘柄まで加わってビールの呼び方はまちまちだが、ここに挙げたスタイルを一通り覚えておけば、何とかなるはずだ。「ビール通」を自称するために、これだけはぜひ押さえておきたい世界の代表的なビールのスタイルをまとめてご紹介しよう。

【ドイツ】

「モルト、ホップ、水以外の原材料を用いてビールを造ってはならない」という一五一六年に定められた「ビール純粋令」をいまだ遵守する国ドイツ。ビールを心から愛し、正統を追求するブルワリーの数は全世界の四割にのぼるビール醸造の故郷、そしてラガー発祥の地。地方ごとに個性豊かなバラエティがあり、風土に根ざした素晴らしいビールが無数にある。

◆ドルトムンダー

ドイツ最大の醸造都市、ドルトムンド市。ドイツ北西部のここには、町の名を冠した会社だけで七社、同じくその名のビールが三〇種、さらに特有のスタイルで造られた人気のタイプをみな「エクスポート」と呼んでいることから、混乱のきわみである。だが心配ご無用、いずれをとってもなんともバランスのよい優れたラガー・ビールだ。硬水で仕立てられた淡い色、ミディアム・ドライでこくがあり、爽やか。とにかくドルトムンダーを手当たり次第に飲むべし。

◆アルト

現代ドイツはラガーが圧倒的に主流だが、北部に位置するかつてのプロシア王国、フランク王国だった地方は、エールの名産地として轟いていた。昔ながらの製法で造られるエール・ビールのことを、アルト（古い）、南部のラガーをノイ（新しい）と呼んで区別する。現在、アルトといえばデュッセルドルフのアルトがまず思い浮かぶ。濃い銅褐色で、ホップの爽やかな香りときりっとした苦味、モルト風味もはっきり感じられる素晴らしいエール。昔ながらの常温発酵にくわえ、タンクのなかで数週間低温熟成させる独特の醸造方法である。自家醸造パブで飲むことが出来る。

◆ケルシュ

淡い黄金色、炭酸が弱く泡立ちの少ない、かすかなフルーティさとホップの香りでのど越しのよいエールだ。ケルシュは、北部の都市ケルンの市部で造られるエールのみに許された名称である。ケルンはドイツでもっとも醸造所の密度の高い街、いたるところにパブがあるが、それでいてケルシュしか置いていないところも多い。焙煎技術が発達し、それまで濃色一辺倒だったモルトに淡色モルトが出回るようになった一九世紀後半に誕生したビールだから、ケルシュはアルト（古い）ではない。察するに、当時、最新鋭の淡色モルトを使用して爆発的な人気を博したピルスナーの人気に対抗し、北ドイツのエールの製法で、同じ淡色モルトを用いたビールを開発したのだろう。

◆デュンケル

デュンケルとはドイツ語で「黒い」「暗い」の意、すなわち黒や濃い褐色のラガー・ビールの総称である。しばしば混同されるが、ボックやピルスナーのような特定のスタイルを指す呼び方ではない。デュンケルの特徴は一口でいえないし、地域によって定義も紛らわしい。

ラガー・ビールの製法が発見されたのは、一五世紀後半。当時もっぱらローストの濃いモルトが使われていたから、人類史上記念すべき最初のラガーは、デュンケルだったようだ。バイエルン地方のみならず、北バイエルンのフランコニア地方でも多種多様なデュンケルに出会うことができる。

◆ヘレス

一九世紀になると色の薄いモルトが開発されて、淡い色のビールが登場しはじめた。その代表格はチェコのピルスナーだが、本家バイエルンでも色の薄い仕上がりのビール、ヘレス（明るい）が造られた。以来、バイエルンのラガーは「デュンケル」と「ヘレス」に大別できる。どちらも醸造所によって味は千差万別、大まかに分類する表現する言葉として使われており、特定のスタイルを指すものではない（が、ドイツでヘレスと注文すればスタンダードな淡いラガーが来る）。

ヘレスの特徴は、口当たりがスムースなこと。苦味の少ない点が、チェコのピルスナーとの決定的な違いだ。ピルスナーが軟水で造られているのに対し、バイエルンの水はやや硬水であることから、スムースさを出すために苦味を少なくしたのかもしれない。

◆ヴァイツェン

バイエルンの味といえば、ヴァイツェン。豊かに泡立ち濁りのある黄色っぽいエール。すっきり系とはまったく異なり、バナナにも似たフルーティな芳香と甘さ、ふくよかな味わいがある。口当たりは柔らかい。酵母を濾過していないものが一般的で、濁りは浮遊している酵母とタンパクだ。

モルトの半分以上小麦を用いるため、バイエルン地方ではヴァイス・ビア（小麦のビール）と呼ばれる。しかし、このいい方もバイエルンの外では通じない。小麦からできたビールは、ベルリンのベルリーナ・ヴァイゼ、ベルギーのベルジャン・ホワイトなどほかにもあるからだ。

ヘーフェ・ヴァイス・ビア（アイインガー社）

◆ボック

ラガー発祥の地、南ドイツ・バイエルン地方。ボックは中でも代表的なラガー・ビールである。もともとは北ドイツにあるアインベック市の有名なエールだったことは第一章のとおり。

バイエルンのボックは、醸造に使用している麦芽の量が多く、アルコール度も六度～八度と高めでかなり強い。深くローストした茶褐色の麦芽を使用しているため濃褐色で、こくがありマイルド、麦の深い味わいが感じられる。苦みも強く、しつこくはないが味が濃いビール。

◆ミュンヘナー

一九世紀ミュンヘンでは、やや赤味がかった褐色のモルトを用いてデュンケルを造るようになった。これがミュンヘナーだ。赤味がかった琥珀色で、色が濃い割には苦みが強くなく、すっきりとした味わいが特徴だ。麦の香りが効いていながらラガー特有のすっきり感がある。

冷蔵技術の進歩はビールを冷やして飲むということを可能にし、ラガーの特徴である「すっきり感」は時代にぴったりだった。また、低温で長期熟成させなければならないラガーが年間を通して醸造可能となったのも冷蔵技術のお陰である。

◆メルツェン

もともと三月（メルツェン）に仕込んだことからついた名称。冷蔵技術が未発達だった近代まで、ラガーは寒い時期に仕込まれ、夏場に腐敗しないようアルコール度を高く、抗菌作用のあるホップを多めに使用した。すなわちメルツェンは麦芽とホップの量が多い贅沢なビールなのである。

オクトーバフェストは、この時期まで腐敗せずに持ちこたえたメルツェンを、ミュンヘンの主要ビールメーカー六社が持ち寄って飲みまくるためにスタートした。表向きは「夏までビールが腐敗しなかったことへの感謝のお祭り」ということになっているが、真相は新酒が出来る前の在庫処分から始まったらしい。まあ、きっかけは何であれ、ビールファンにとって楽しみなイベントであることは確か。冷蔵技術が発達した今日ではビールが腐敗することもないわけで、在庫処分どころか、出店各社は世界中から集まってきたビールファンに味わってもらうために、「腕によりをかけたビール」をオクトーバフェストに出品していると言われている。手軽に「間違いない」メルツェンを楽しむなら、この時期にミュンヘンを訪れることだ。

【チェコ】

◆ピルスナー

一九世紀後半、バヴァリアで発達したラガーを真似してつくった町があった。ボヘミア地方のピルゼン市である。ボヘミア地方のザーツはホップの名産地。この地で育ったザーツホップとピルゼンの軟水がバヴァリアの醸造技術と出会って生まれたのが、ラガーの傑作「ピルスナー・ウルケル（元祖）」。現代ビールの世界標準ともいえるピルスナーは、皮肉にも模倣から生まれたチェコのビールであった。

ピルスナーは、ラガーの特徴である「すっきりさ」を全面に出したビールだ。一九世紀以前のビールの歴史をみると、どちらかというとモルトをたっぷりと使った味のしっかりしたビールが好まれていた。しかし、ピルスナーの大ヒットは冷蔵技術の発達に伴い、新しいビールのスタイルが人々に好まれるようになってきたことを証明するきっかけとなった。

米国のバドワイザーは、やはりボヘミア地方の都市の一つ、ブドワイズ市のビールを模してちゃっかり命名したもの。本家本元のブドワイズ市のバドワイザー（ブドワイゼ）が商標を持っているので、世界最大手、最大シェアを誇る米国のバドワイザーといえどもヨーロッパではその商標を使えない。巨額の商標権の買収提示が出されているらしいが、ボヘミアン魂でつっぱね続けて欲しいものだ。

ピルスナー・ウルケル（ピルスナーウルケル社）

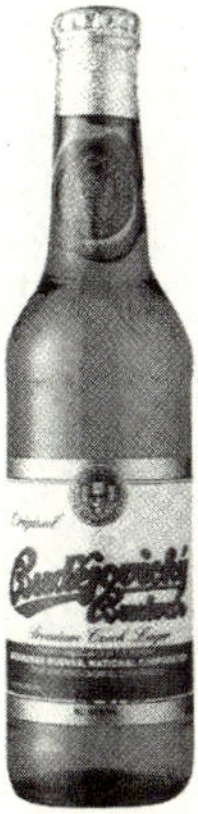

ブドワイゼ（バドワー社）

【ベルギー】

ベルギー・ビールの大きな特徴は、フルーツ、ハーブ、スパイスといったさまざまな副原料が用いられていること。これらは味にバラエティをもたらす役割を担っていて、ベルギー人はビールに素晴らしい味や香りをもたらすものなら何でも使ってしまう。糖質副原料がビールの味や香りを抑え、アルコール度数を高めるのとは全く対照的な使用法なのである。

ベルギーの面積は日本の関東地方に匹敵する程度、人口一千万人ほどの小さな国だ。しかし、そこになんと一三〇社のビールメーカーがあり、製造されるビールの銘柄も八百種類を越える。

◆ランビック

ランビックは、野生酵母を使って仕込んだエール・ビールのこと。ビールを樫の木樽で数年かけて発酵・熟成させると、ドライで新鮮な風味をもつビールが生まれる。独特の酸味と、芳醇で深い味わいが特徴のランビック。高貴な味わいは、秋から春の季節に飲み頃である。

「グーズ・ランビック」は、ひと夏しか越していない若いランビックと、何年もかけて熟成したランビックをブレンドしたものだ。ブレンドによって多彩な味わいを造りだすことができる。

副原料にフランボワーズやチェリー（クリーク）などの果実を使った「フルーツ・ビール」もベルギーの得意技。一年以上かけて熟成させたランビックに、果実を数週間～数カ月漬け込み、さらに味のバランスを見ながら熟成したランビックとブレンドして仕上げる。フルーツ・ビールといえども、本場ベルギーでは結構ドライな味わいのものが多い。しかしその名前から甘い味を想像されてしまうせいか、輸出用には砂糖を加え甘くしたものも造られているようだ。

◆トラピスト・ビール

一七世紀にトラピスト修道会の修道院で造り始めたビールのスタイル。現在も〝高級ビール〟として名を馳せている。現在、正統派のトラピスト・ビールを造っている修道院は以下の六箇所のみ。オルヴァル（Orval）／シメイ（Chimay）／ウエストマレ（Westmalle）／ラ・トラップ（La Trappe）／ロシュフォール（Rochefort）／ウエストフレーテレン（Westvleteren）。これらのうち、「ラ・トラップ」はベルギーに近いオランダ領内に、あとの五箇所はベルギー南部のワロン地区にある。

六つの修道院にはそれぞれ独自のレシピがあって味わいはさまざまだが、特有の共通点もある。第一にエールであり、高めの温度帯で発酵させているので独特のフルーティな香りがする。また、いずれも麦汁を煮だした後だけでなく、瓶詰め工程であらためて酵母を投入する（発酵の途中で別の種類の酵母を投入するビールもある）。こうして造られたビールは人に飲まれるまで発酵・熟成を続け、「何年もの」と呼ばれるものも。コリアンダーなどのスパイス類が多く使用される。なお、修道院ビールのアルコール度は全般的に高めだ。「ウエストマレ」などアルコール度が高いものにデュベル（ダブル）やトリペル（トリプル）という表示をつけたものもあり、アルコール度はデュベルで六％程度、トリペルでは八％程度。アルコール度が高いものはワインを飲むような感覚で楽しめる。

シメイ・ブルー（シメイ修道院）

◆ベルジャン・ホワイト（小麦ビール）

ビールの主原料のおよそ半分に、モルトにしない小麦を使用しているのが、ベルジャン・ホワイトだ。ヴァイツェンと同じく白く濁ったビールができる。小麦は大麦に比べタンパクが多く含まれるからだ。しかし、ヴァイツェンではモルトにするが、ベルジャン・ホワイトでは生の小麦を使う。すると、フルーティな酸味のあるビールになるのだ。グリーン・モルトと呼ばれる日に干しただけの大麦モルトや、モルトにしないオート麦なども使う。さらに、主発酵時にビール酵母と共に乳酸菌を使うことによって、酸味をバランスの良いものに仕上げる。また、ベルジャン・ホワイトではよく、副原料にコリアンダーの実やオレンジピールなどのスパイスが用いられる。酸味のある爽やかな味わいを、これらのスパイスがうまく引き立てている。「ヒューガルデン・ヴィット・ビール」（ヒューガルデン村の白いビール＝日本では「ヒューガルデン・ブランシュ」）は、世界でももっともポピュラーなベルギー・ビールのひとつ。

【イギリス】

イギリスのビールといえば、エール。市場の半分を占め、英語ではビールそのものを指す言葉だ。ドラフトが多くフルーティな味わいとホップの効いた苦味が特徴で、パブでは「ビター」とも呼ばれる。実に多様なエールがあり、分類方法にはさまざまあるが、もっとも単純な分け方は色の違いで、「色が薄め＝ペール・エール」「色がちょっと濃い＝アンバー・エール」「色がかなり濃い＝ダーク・エール」そのほか味わい・強さ・地域や原料の異なるスタイルがある。

◆ペール・エール

淡色のエールの総称。フルーティながら、ホップの苦味と香りが際立つ特色あるビール。

一八世紀末に造られたインディア・ペール・エール（IPA）は英国植民地インドに輸送する間の変質防止のためモルトとホップを大量に使用、熟成発酵させた超ドライで苦いビール。バートン地方の硬水を得て大人気となり、以後バートン地方産がＩＰＡの代名詞に。代表格は世界最大手となったバス（Bass）社のものだが、現在はそれほど苦味もアルコール度も強くなく、銅色で香ばしい。比較的温めの温度（約一三℃）にすると、より深い味わいを感じられる。

ペール・エール（バス社）

◆ビター

ペール・エールのひとつ。もともと、ペール・エールのうち樽に詰められたものをビター、瓶詰めされたものをペール・エールと呼んでいた。熱処理されずに樽詰めされると発酵が進み、酵母はビールの中に残る糖分を食べ尽くすため、苦味が際立つ。含まれる苦味成分そのものは、瓶詰めのペール・エールと変わらない。また、「ビター」といえども、中には苦味が少ないものもある。最近では、瓶詰めで「ビター」と表示してあるビールを見かける。中でもとくに有名なのが、英国のバートン地方で造られるマーストンズ・ペディグリー（Marston's Pedigree）。

◆ポーター

アンバー・エールは、日本人なら黒ビールと思うほど濃い色。これはカラメル製法のモルトによる。代表的なスタイルに、「ブラウン・エール」と「ポーター」があり、こんがりとローストされたモルトは香ばしく、甘みが多く含まれているのが特徴だ。まろやかな麦の旨みを生かしソフトに仕上げたブラウン・エールに対して、ポーターは強い味わいだ。

一八世紀初頭のロンドンではパブごとに何種類もの熟成度のエールをまぜるのが流行ったが、手間を省きあらかじめブレンドした味をと発明されたのがポーター。名の由来は諸説あり、「労働者説」は安上がりで荷運びなどの労働者に大いに好まれたから。一方「ビール配達人説」は大流行のこのビールを工場から配達した者が、〝運び屋だ(Porter!)、ビール持ってきた！〟と叫んだことからという。いずれにせよ、ポーターは半年程の長期熟成（一般にエールは一、二週間でできる）。これを低価格で大量供給するには大規模な設備が必要である。産業革命初期に英国ビールをエールハウスごとの地場産業から大量生産型の装置産業へ変身させたきっかけがポーターだった。ペール・エールに押されて伝統が消えかかったが二〇世紀後半に復活。

◆バーレー・ワイン

バーレー（barley）は大麦だから「大麦のワイン」の意。といってもれっきとしたエールである。その名のとおり、ワインほどにアルコール度が高い。アルコール度は七％以上。中には十数％のものもあり、さらに高いビールはストロング・エールと呼ばれることもある。

アルコール度を高めるために、アルコール耐性の強い酵母を使い、数ヵ月から数年という長い醸造年月を経てできあがる。とはいえ、単純に強ければ良いというものでもない。高いアルコール度の中で味のバランスを保つのは醸造家の腕の見せどころとなる。ペールタイプでは「フラーズ・ゴールデン・プライド」(Fuller's Golen pride) などが有名。

◆スコティッシュ・エール(スコッチ・エール)

色が濃いめで苦味が少なくモルトの風味が強くブラウン・エールとよく似ているが、ブラウン・エールが褐色モルトだけなのに対し、これは淡色モルトに濃色のモルトやブラウンシュガーなどの副原料を混ぜる。また、通常のエールよりも低めの温度で多少長い期間をかけて発酵させるため、本来ならビールにはタブーとされるフェノール臭をもつものも珍しくない。しかし、独特の香りがむしろこのビールの特徴。中には燻製の香りがするものもあり、スコッチ・ウイスキーと同様の燻製したモルトをビール造りに使用した時代の名残りを思い起こさせる。中にはホップの苦味が効いたビールもあったりして、一概にマイルドだとはいいきれない。

スコッチ・エール(マキューアン社)

【アイルランド】

◆スタウト

ロンドン生まれのポーターは瞬く間に英国中に広まり、アイルランドにも輸出された。ポーターを研究しつくし、オリジナルを越えるビールを造りだした会社がある。かの「ギネス」だ。ギネスのポーターは原材料を多く使い、味わい、アルコール度ともに強い（stout）ものだった。ギネス・スタウトは真っ黒なダーク・エールだが、味わいはポーターの芳醇さを残しており、同時にすっきりした特徴も持っている。この複雑な味わいはモルトに秘密がある。ポーターは深めにローストしたモルトのみで造るが、スタウトは淡色ペール・モルトをベースに真っ黒に焦がしたモルトを添加する。この手法は今日では珍しくないが当時は画期的だった。その後、ギネスは最初のスタウトより軽いドライ・スタウトを発売。麦汁濃度に比例する税に対抗する苦肉の策から生まれたビールは意外にも人気を博し、誕生から百年後、ギネスは世界最大規模の工場を持つにいたった。

ギネス・エクストラ・スタウト（ギネス社）

【オーストラリア】

◆旧英連邦ゆえのエール

オーストラリアは日本人のビール愛好家にとって時差を感ずることなく「英国のビール」を楽しめる国。一番売れているブランドは「フォスターズ」というラガーだが、エールも肩を並べる。やはりアングロ・サクソンだけは、いまだエールがなければ生きていけない民族らしい。オーストラリアで、「フォー・エックス（XXXX）・ビター」を目にしない人はいないだろう。南東部では「ヴィクトリアン・ビター」（通称、VB）が幅を利かせている。

小さな醸造所が多く、それらを回るのはこの国を旅する楽しみだ。自家醸造も盛んで、スーパーでも手造りビールの道具が揃う。ちなみに、オーストラリアの名（迷）物、パンにつける「ベジマイト」はビール酵母が主原料。ビールの好きな国民であることは間違いない。

この国ではエールがお勧めだが、「カスケード・プレミアム・ラガー」などうまいラガーもある。タスマニアの醸造所が造っていて、ラベルには絶滅したタスマニアン・タイガーが描かれている。

【南米】

◆古きよき伝統と移民の歴史をしのばせる

南米はヨーロッパ移民の国であり、伝統が残っている。ブラジルではブラマー、アルゼンチンではキルメスという寡占的な銘柄があり、これらのビールは日本や米国のものと大差ない。最近はサッカーの高原選手が活躍するボカ・ジュニアーズのユニホームがキルメスのラベルそのもので、日本でもキルメスは随分有名になったようだ。しかし、マイナー・ブランドの中には古きヨーロッパの伝統を受け継ぐキラリと光るビールもあるのだ。

ブラジルの滞在期間が一週間もなかった僕は、セルパというビールにしか出会えなかったが、少々グルメなブラジル人であれば、ヨーロッパ人と同じくらいの知識をもってビールの話ができる。アルゼンチンでは、「イゼンベッグ」「シュナイダー」といったいかにもドイツ移民もいるぞ！といわんばかりの銘柄や、「サンタフェ」といったマイナー・ブランドなど、滅多にお目にかかれないが是非とも探してみて欲しいビールもある。

【北米】

◆なんでもあり、ヨーロッパのスタイルあれこれ

北米もヨーロッパ移民が建国した国だが、旺盛な開拓魂と工業化の波の中、トウモロコシの

ような副原料を使用した安価な水代わりビールが主流だった。しかし、ここ十数年ですっかり事情は変わった。「本当のビールの味」を造るマイクロ・ブルワリー（日本でいう地ビール）が台頭してきたのだ。

今では、北米各地にマイクロ・ブルワリーが見られ、ヨーロッパを旅行するより手軽にビア・ライゼが楽しめる。一つの店にバイエルンのスタイルであるヴァイツェン、ケルンのケルシュ、アイルランドのスタウトが置いてあり、次のマイクロ・ブルワリーに入れば、別の醸造家が造った全く別のスタイルのビールが楽しめる、という具合だ。「ビール後発国」だった米国は、こうして新たな「ビール天国」を築こうとしている。

IPA（グランツ社・ワシントン州）

ヘーフェ・ヴァイツェン（レッドフック社・シアトル）

第四章

日本のビール

僕のブルワリー奮闘記

かつて野菜の仕分け所だった建物を改造した、
《ビアライゼ（株）》の簡素なブルワリー。

日本ビール史

■いつから日本のビールはラガー一辺倒になったのか

明治の初期、日本で産声をあげたビール工場のほとんどはエール・ビールの工場だった。当時は、大英帝国がインドを始めとしてアジアにエールを大量に送り込んでいたのだ。日本に上陸したエールは大人気を博し、明治三〇年代初頭の日本には小さなエール・ビール工場が一〇〇軒近くもできていた。しかし、明治三十四年から一石（一八〇リットル）当たり七円というビールへの重い酒税が課せられたため、これらの小さなビール工場は合併・廃業を余儀なくされていく。当時、新橋から大阪までの汽車代が三円九七銭であったことを考えると、一石あたりといえども、七円というのはかなりの重税であることが理解できる。

この頃、札幌など数ヵ所にドイツ式（すなわちラガータイプ）の大規模工場が設立。小さなビール工場は重い課税のなか、廃業するかこれら大手に吸収合併されるかしかなく、全国にたった五社というとんでもない寡占業界となって現在の日本のビール業界が形成されていった。

こうしてきら星のごとく誕生しつつあったさまざまなエールは一気に大手のラガーに飲み込まれていったのだった。この状況について、日本の消費者の嗜好がエールよりもラガーの味を選択した、という見方もあるかもしれないが、僕は圧倒的に経済的な理由によるものと考える。

明治時代のビール醸造プラントの資料を見るかぎりでは、温度や雑菌のコントロールの程度というのは、現代の凝った自家製設備とさして変わらないと考えられる。その、凝った自家製設備でいろいろなビールを造ってみると、再現しやすいビールと難しいビールがあることに気づく。比較的高温・短時間でできてしまうエールは、低温で時間をかけて仕上げるラガーよりも味や香りの再現が難しい。現在のような精巧な醸造プラントがあれば酵母管理もさして問題にはならないが、明治の頃の製法やプラントの能力を考えると、ラガーのほうが圧倒的に同じ味の再現はしやすかったと考えられる。つまり、当時の設備ではラガーのほうが大量生産に向いていたのだろう。

東京の福生に石川酒造という、近年地ビール事業に参入した日本酒メーカーがある。実は、このメーカーは明治時代にビール造りを始めたものの、前述の高額酒税に端を発するビール事業統廃合の波のなか、継続を断念した歴史があるのだ。現在の地ビール・レストランの前には、当時の仕込釜が展示され、その櫓の梁には、当時のビール造りの様子が木彫りで描かれている。

日本でも手造り感のあるビールが造られていたことが伺い知れる貴重な資料だ。当時はこのようなビール醸造所が各地にあったのだろう。これらの醸造所が大量生産プラントに飲み込まれざるを得なかったのは非常に残念なことである。そうでなければ、日本酒の地酒とともに、日本人はもっと早くからバラエティーに富んだビールを楽しんでいたであろう。

さて、大量生産を支えるには、大量に消費せねばならない。香りが強く、個性に富むエールに比べれば、やはりすっきり癖のないラガーは、好みによらず飲まれる確率が高い。というより個性で選ぶことなど、当時は容易ではなかったのだ。現代とは流通網がけた違いに弱かった時代である。さらに、すっきりしているといっても本来のラガーは味わいがあるが、原材料コストを押さえるためコーンスターチなどのデンプンを使うと、結果として味が薄れる。だからこのさい、舌で味わうのではなく「ビールは喉越し！」と宣言してしまえば、怖いものなしだ。

そして、味の区別がほとんどなくなるほどに薄くなった万人向けのビールを大量生産しないかぎり、商売として成り立たない産業にしてしまった真犯人は、世界でも類をみないほど突出したビールへの超高額課税である。

■ビールの酒税に異議あり！

ヨーロッパでは、ビールの酒税は国によって異なるものの、現在、大手メーカーで一リットトル当たり十二円から十八円程度の国が多い。さらに中小のメーカーではその半分程度とする国も多く、六円から九円程度だ。米国人は米国のビールの酒税は欧州に比べてクレージーに高いと怒る。州によって異なるが、大手メーカーではおよそ二十四円から二十八円程度、中小の場合も最大で半額までの割引となっている。欧州の倍なのだから米国人が怒るのも無理はない。

だが日本国内では一リットル当たり一律二二二円。中小＝地ビール・メーカーも同様の酒税を課せられる。欧州の主要国に比べれば、倍どころか大手で十数倍、中小では三十倍近い高額の酒税となっている。

明治維新後の日本にはたいした産業もなく、富国強兵を押し進めるために国税の三分の一を酒税でまかなわねばならなかった。奢侈品であったビールに多額の酒税を課したのも理解できる。昭和の敗戦直後は食べるものにもこと欠き、酒を求める気持ちを抑えがたくメチルアルコールに手を出して失明した人もいたなかでは、ビールなど贅沢品だっただろう。だが日本人はそこから頑張ってさまざまな事業を興し経済力を獲得したのに、今だに欧米諸国の人たちのようにビールを楽しむことは許されない。コストを極限まで抑え高度な技術で大量生産されるビール以外の選択肢がない。ビールの三五〇ミリリットル缶の三分の一が酒税なのだ。ビール会社がそうするしかなかった酒税を、日本人は妥当な額と納得しているのだろうか。

いやいや、知らないのだろう。当たり前だが、ビールのことはビール会社の人が一番よく知っている。だが会社、業界、そして顧客やお役所などの社会的な立場というものを考えると、そうそう何でも本音を言うわけにはいかないものらしい。

ガソリンも税金の高い商品であるが、せいぜい米国の四倍程度。それでも、メーカーがガソリン税の高さについてコマーシャルを通じて消費者にアピールする。いかに日本に資源がないといっても、ガソリンにかかる関税が米国の約四倍というのは高すぎる、という主張が展開されている中で、ビールにかかる税がこんなに高いことに、合理的な理由があるとは思えない。

国家財政が赤字なことは周知の事実だが、そうまでして納めねばならないほど緊迫感を持って税金が使われているだろうか。労せずして得た金はろくな使い方をされない、というのは世の帝王学の鉄則である。税金を湯水のごとく使う特殊法人改革への既得権益者の抵抗を見れば、国民に美味しいビールを我慢させるまともな根拠などどこにもないことは明白である。

一九九四年、細川政権が打ち出した規制緩和の目玉として、地ビールが解禁された。それまで新規にビールを製造する場合、年間二千キロリットル以上を製造する能力と販売見込が国税局に承認されなければビールを作ることが許されず、事実上新規参入を阻んでいたのだが、これが、年間六〇キロリットル以上に引き下げられたのである。発泡酒やワインの場合は年間六キロリットルであるのに対し、なぜかビールに限っては六〇キロリットルとなった。

これも大きな問題だが、もっと大きな問題がある。現在のような大手寡占への元凶とも言える、国際的に並外れた高額の酒税を低くすること、さらに、主な欧米諸国のように小規模ビール業者への酒税を軽減することが見送られたことだ。これをしなければ、結局のところ小規模地ビール業者の存在など認めても元の木阿弥になることくらい、明治時代に経験済みだ。こんな誰でもわかることがまったく無視されたのだ。

発泡酒が人気を博しているが、これは「この手の飲み物はこの程度の値段が妥当」と国民が判断していることに他ならない。すぐに欧米並みとは言わないが、せめて発泡酒の税率を上げるのではなく、高すぎるビールの税率を下げる、という発想くらいは持ってもらいたいものだ。

■ビールのスポーツカーを求めて

しかし、日本人だっていろんな味わいのビールが飲みたいじゃないか。完全な制度というものもなかろうし、規制が緩和の方向へ向かっているならやってみよう。そういう人たちが次々とマイクロ・ブルワリー＝地ビール会社を興しだした。

地ビールを始める目的はさまざまだろう。町おこしにつなげたい第三セクタもあるだろうし、ビジネスは何でも先手必勝と考えてとにかく参入した人もいるかもしれない。しかし、いずれにせよ、ビールのスポーツカーを求めてこの事業に参入してきたのだ。

トヨタのカローラは優れた車だ。でもカローラと日産マーチしかない市場ではつまらないじゃないか。カローラには兄弟分のスプリンターもあるなどといわれても、満足できるはずもない。だから車市場はバラエティーに富み、単なる輸送手段という枠を超えたモデルも出回って、日本の車市場は世界が羨む楽しく強い産業になっている。日本が豊かな国を目指すなら、ビールだって単にのどの渇きを潤して酔えればよいだけの市場から脱してほしいものである。

僕はとにかくヨーロッパで飲んだあのビールの感動を伝えたいと思った。アメリカでつくった自家製ビールの喜びを忘れられなかった。かくしてビールのスポーツカー造りへの個人的な試みが始まった。

当時僕はごく普通のサラリーマンだったので、最初は兼業でやろうかと考えた。ビールだけ造るなら「週末ブルワー」でも充分いける。旨いビールが自分で造れて飲めればいい、友達に飲んでもらって「旨い!」と喜んでもらえればいいや。そういうビールなら、商標登録にエネルギーを費やしたり営業に歩き回る必要もない。

一九九六年、起業計画を練り始めたときは、自宅の庭を改造しようと考えていた。ところが、住宅専用地域だったので工場に改造することができない。どこか場所を借りるとなると、規模を大きくしないと採算が合わないことがわかったのだ。しかも、醸造免許を取得するためには、さらにいくつもの厚い障壁が待っていた。日本では、ささやかなブルワリー開業がオデッセイなみの冒険、あるいはドン・キホーテ的な闘いとなることを僕はまったく知らなかった。

ブルワリー開業——ドン・キホーテ的冒険の始まり

■製造能力には自信あり！

日本でビールを造るには、ビール醸造免許を取得しなければならない。これは所轄の国税局が認可・発行し、窓口は税務署である。ビール醸造所は食品工場なので、国税局からの免許の他にも、地域ごとのさまざまな許認可を取得せねばならない。たとえば、工場の建設許可は市町村役場の建築課、食品営業許可や廃棄物処理などは保健所、ボイラー設置は消防署など。これら、「その他」の許認可をすべて得てはじめて正式に申請書が受理される。

申請の基本的な要件は二つある。一つは、年間六〇キロリットルを上回る製造能力があること。もう一つは、年間六〇キロリットル以上の販売見込があること、である。この二点が書類及び面談によってOKとならなければ免許は与えられない。

年間六〇キロリットル以上という要件は、酒類のなかでもビールに限ったものである。発泡酒やワインの場合、最低製造数量は一〇分の一。国税庁は、ビールの場合、最低六〇キロリットルは造らないと事業として成り立たないと説明しているようだが、発泡酒ならば六キロリットルで許可をするということと、どういう整合性があるのかは不明である。今日、全国に約三

○○軒の地ビール醸造所があるが、多くの地ビール業者にとってこの六〇キロリットルというのが大きなハードルになっている。自治体の支援か企業のバックアップのない、まったくの個人がゼロからはじめる、ということはじつはほとんど無謀な試みだったのだ。

製造能力とは、ビールをきちんを作れる設備を建設する能力、その設備投資と運転資金をまかなう資金力、そして、工場を運転して品質の良いビールを製造する能力のことである。

一九九七年、免許申請の相談に地元の税務署を訪れた。アメリカで実際に見てきたプラントをモデルにして、五〇坪弱の貸工場に最大製造能力一二〇キロリットルのプラントを建設する計画を立てた。海外プラント・プロジェクト事業本部の社員だった僕には、赤子の手を捻るかのごとく簡単な設計だった。機器調達、据付、配管、電気、計装設計、施行工事も手に取るように見え、見積もりには自信があった。そもそもこの工事は、勤務先では工事とはいえないくらい簡単なものであった。三千万円あれば建てられた。

この計画を税務署に持ち込んだときには驚かれたようであった。なぜなら、あまりにも安上がりのプラントだったからだ。

「通常（その当時一〇〇軒ほどの小規模醸造所が免許を受けていた）地ビールを始めるには一億円以上はかかるものですが、ずいぶん安上がりで見積もられていますね」

僕の場合はたまたま、自分で工場の設計、機器調達、建設ができたが、通常は人に頼むわけだ。考えてみれば、それまで小規模ビール工場なんて日本になかったのだから、頼まれたほうだってわかっている人は少なかったのだろう。いくつかのプラントを覗いてみると、なんでこんな小さなプラントのバルブにアクチュエーターを付けて集中制御にしなければならないのか、とか、お客さんの目に触れないところに設置されているのになぜ銅製の化粧板をつけているのか、などなど枚挙にいとまがないほど無駄に豪華なスペックを誇るものが多い。さらに、なぜこんな馬鹿タンク（プラント業界ではビールのタンクのような無圧の簡単なタンクをこう呼ぶ）にこんな値段を払ったのだろう、と耳を疑うような羽振りの良い買いっぷりのオーナーが多いのだ。僕は、今では同業者のプラント設備のコンサルティングもやっているが、この当時のコンサルタントはさぞや儲けたことだろうと羨ましく思う。

地ビールは高い、とよく批判される。ビールの原価は酒税、製造労務費、原材料費、ユーティリティーなどの製造経費、これに、減価償却費や宣伝広告費などのオーバーヘッドを載せたものである。このうち、製造能力が似たようなメーカー同志では、オーバーヘッド以外の製造経費は似たようなものである。従って、必要以上の設備投資をしてしまえば、中身がより高級かどうか、ということとは別問題として、減価償却費が大きくなって、値段が高くなる。消費者が設備を見学して、設備がゴージャスな醸造所のビールほど高いのは仕方ないと納得するのは妥当だが、だから美味しい、と考えるのは誤りであろう。

併設のレストランから見学できるような地ビール醸造所ならば、ゴージャスな設備でないとサマにならないかもしれない。レストランで販売するビールの粗利は、メーカーが生産者価格として業者に卸す場合の粗利には比較にならないほど有利なものだから、レストラン・ビジネスとして地ビールを展開する場合には綺麗な設備も納得できる。しかし地ビール・メーカーは、お客様にどんな価値を提供したいのかを明らかにしたうえで、必要以上の設備投資をしたツケを価格に乗せるようなことがないよう計画しなければならない。設備投資要件としては事業の成功にとってとても大切なことだが、こんなことは免許の取得条件とは関係はない。

僕の場合はレストラン業ではなく、メーカーとしての設備であるから、性能さえ満たしていればそれで良い。国税局には、実際の機器メーカーの見積もりや運転方法の説明などを経て、格安のプラント建設計画を認めてもらった。

次に、プラントの運転、すなわちブルワーの能力・醸造技術である。

僕は、アメリカで自家醸造のみならずマイクロ・ブルワリーでの醸造体験やブルーマイスター養成コースへの参加などの経験があったので、「僕が造ります」でよかった。

しかしそういうケースは日本では少数派だから、草創期には多くの地ビール醸造所が大金をつぎ込み、本場ドイツの醸造家などを雇った。環境条件の違う土地でのビール醸造には後で述べるように思わぬ困難があったりもするのだが……。

しかし、免許取得要件としては、外国人ブルワー様を採用すればとりあえずＯＫであることには違いない。

■販売見込の不条理な壁

事業計画をつくる上で、販売見込というのはきわめて大切なものである。

ベンチャー起業というのは、既存のビジネスの方程式で計れるものは少ない。それでもマーケティングを重ね、販売戦略を練り、最終的には「売れる」と判断して事業を開始する。多額の投資をするのだから最終的に「売れる」と判断できないのに事業をはじめることは実業界では通常ありえない。成功したベンチャーは後にその販売戦略などをあれこれと調査分析され、後続の手本になったりするものだが、日本における地ビールのようにこれまで市場に存在しなかった価値を売る産業では、販売予測はきわめて難しい。

赤字経営が当たり前のような公共事業が山積するなかで、国から資金の提供を受けるわけでもないのに、販売見込が納得できなければ事業そのものをやらせない、というのは理不尽だろう。しかし、製造能力と並んで販売見込を証明すること、これが醸造免許取得の条件なのだ。

現在の酒税法に要件としてうたわれている以上、国税局としてもしっかり審査しなければならない。したがって、免許取得のために必要な販売見込というのは、事業主が成功するかどうかを問うものではなく、国税局のお歴々が認可しやすい販売シナリオのことであると考えれば、納得しやすいだろう。

しかし、こうなるとベンチャー魂に満ちたシナリオは通りづらい。従来の大手のビールを売るのと同じ視点でシナリオを描かねばならない。従来の方法とは、酒問屋に卸し、酒問屋が酒小売店に卸し、小売店から個人や飲食店に販売されるという経路である。正攻法で販売見込を証明するためには、具体的な酒問屋さんと交渉して、その問屋が年間六〇キロリットル以上を買い付けて販売する、という販売承諾書を取り付けねばならない。さらに、その酒問屋が具体的にどこの酒小売店に販売する予定で、各々の酒小売店が実際に仕入れたビールを小売で完売できる見込みである、ということを示す書類も必要になる。

そこで、僕は酒問屋さんに問い合わせてみた。答えはとても納得できるものであった。

「まず、サンプルを持ってきてください。それから検討します」

「ビール製造許可を取る前なので、サンプルを作ることができません」

「……」

あさっておいでもいいところだ。問屋ルートで国税局に販売見込を立証する、というのは、すでにその販路を持っているか、前もってビール試験醸造免許を取ってサンプルを提供するなどしないかぎり、不可能なのである。

販売は酒問屋を通さねばならないという規則はない。酒小売店、さらには飲食店や個人に直接販売しても構わないのだ。しかし、小売店に問い合わせても、問屋と同じ回答に終わった。飲食店でも通常は同じ回答しか返ってこない。かといって、個人を対象に六〇キロリットルもの購入承諾書を取り付けるというのは、通販事業で会員制の顧客でもいないかぎり不可能だ。

それでは、新規参入の地ビール醸造者はどうしているのだろう。ほとんどは工場併設のレストランを作ることになり、併設のレストランの席数や、一日に客が何回転する見込みかなどのストーリーを描かざるを得ない。つまり、外には売ることができない、という烙印を最初から押されているも同然で、自己消費というシナリオしか残されていないのだ。

大手のビール工場が、その出荷数量の一％にも満たない数量を工場見学がてらのお客さんに出すのとはわけが違う。醸造量のほとんどを併設のレストランで消費しようというのだ。これは完全なレストラン事業である。レストラン事業の売り物の一つとして併設工場で造るビールを出す、ということ。ビール造りという製造業とはそもそも相容れがたい発想だ。

もともと観光地で集客のある立地であれば、どうせなら地のものということでメリットは見込めるだろうが、ビール工場を併設しているだけで顧客が一年中リピートしてやってきたり、わざわざ他の地方から客が押しかけてくるような観光名所になると期待するのはきわめてリスキーだ。ビールが有名ということで観光名所になっている地ビール屋なんて、ヨーロッパですら数えるほど。こうした醸造所のほとんどは、ビールのみならず、伝統や食事や雰囲気など、レストラン自体に価値があって人気を保っているのだ。

僕は、併設のレストランを持ちたくなかった。明らかに別の業種であり、レストランで成功するノウハウも資金力も持ち合わせていなかった。それにも増して、起業の理念にそむくことだったのだ。

僕は、ヨーロッパで育まれた素晴らしい食文化である旨いビールを、できるだけ日常的に気軽に、広く多くの人に楽しんでもらいたい。瓶への充填技術や物流が発達した現代社会においては、かならずしもヨーロッパでなくても、この国で美味しいビールを造って流通させることができるのだ。もしも僕の工場に併設のレストランや小売場があれば、そこに来たくなるのが人情だろう。そうなれば、酒屋さんやレストランがこのビールを扱う動機は薄れる。僕のビールに込めたメッセージは、広がっていってほしいのだ。人がここに来てしまっては駄目なのだ。

だが、先に述べたように販売見込を証明しようと酒問屋ルート、酒小売ルートをあたったものの、けんもほろろに断られた。酒問屋、酒小売店というのは、同じ国税庁の許認可業種で、毎月の販売数量などを届け出ている。簡単に販売承諾書に判を押すわけにはいかないのも理解できないでもないのだ。僕に残された道は、飲食店ルートのみであった。

こちらは国税局の管轄ではないので、四角四面ではないが、反応も手厳しい。何軒も回ったが、事情を説明しているうちに、まるでキ印をみているような目で追い返された。

相手の立場になってみれば当たり前だ。見ず知らずの男がやってきて、席数と一日の客の回転数、さらに、現在の客一人当たりのビールの消費量まで聞き出したあげく、現在の大手のビール消費量の何パーセントを将来、弊社のビールに置き換えて販売することを承諾します、などと書いた書面に署名、捺印をしてもらい国税局に提出したい、と言っているのだ。そりゃ、僕が相手だったら同じような態度を取るだろうな、と納得しつつも諦めるわけにはいかない。会社帰りに、飲食店や居酒屋に飛び込みでお願いする日々が続いた。

そんなある日のこと。友人の紹介で居酒屋に行った。いつもと同じようにカウンター席でマスターのまな板のあるあたりに座った。頃合いを計って事情の説明を始めると、マスターはまな板ごとカウンターの反対側に移動してしまった。その後は、「マスター……」と言いかけるや、視線をそらされた。

（ああ、また今日も駄目か）諦め気分が漂いだした頃、お店は閉店時間を迎えて客は帰りはじめた。僕が気づかずにカウンターにたたずんでいると、マスターの奥さんが声をかけてくれた。

「何か事情があるのね」

「はい。実は……」

初めて普通の人を見る目で僕の話を聞いてくれている。僕は必死に説明した。

「マスター、この人、真剣みたいよ。話だけでも聞いてあげてよ」

すでに閉店したがらんとした空気のなか、僕は何度も何度も繰り返し説明した。提出する販売承諾書は真面目な書類に違いないが、本当に仕入れねばならない、という強制力はない。

「実際に買ってくださるのは、僕が開業できてビールのサンプルを造って、それを試して……」

「わかった。お前が造るならサンプルもへったくれもいらないよ。できたらすぐにもってきな。おいてやるよ。で、その必要な紙もってんのか」

「は、はい」

「かあちゃん、判子もってきな。あと何枚必要なんだ。俺もこの業界長いから、必要なだけ声かけてやるから今度まとめてもってきな」

信じられないことが起きた。このマスター、ビールを買う前に僕を買ってくれたのだ。新しいものをつくろうというベンチャー起業が物を売るとは、こういうことだったのか。良いものをつくるのは当たり前。まず僕が売れないようではベンチャー製造業は成り立たない。そして、こういう人にサイド・ビジネスで造ったビールなんか売ってはいけないのだ。――僕はその夜、初めて会社を辞めることを決意した。

国税局の要望は、理不尽で不条理なものかもしれないが、僕はそのおかげで図らずも、起業においてもっとも大切な心構えを勉強することができたのかもしれない。

試行錯誤のビール造り

■瓶とラベル

容器というものは、ビールを造る側からすると、これなくしてはお届けできないきわめて重要なもの。しかし、こちらがいかに重要と思っていても、買う側にとってはお金を払うのは中身のビールにであって、容器など飲み終われば邪魔なゴミだ。だから、できるだけ消費者が無駄なお金を払わなくて済むように安い瓶を使用したいというのが僕の考えであった。

しかし、この業界に入った当時、瓶業者にそう言ったら、目をまるくして驚かれた。

「地ビール業者で瓶の値段を気にされたのは社長がはじめてです。他の皆さんは、幾らかかっても良いから綺麗で格好の良い瓶を持ってきてくれといいます」

僕はこの誘いにのらずに一円でも五〇銭でも良いから安く仕入れる交渉をしたが、商売という意味ではかならずしも賢いことではなかったかもしれない。消費者はパッケージにいくらかかっているかなど気にしないから、黙ってならんでいれば綺麗な瓶を選ぶ。値段が高いと中身が高級なのだと勘違いする人が多いようなのだ。

しかし、せめて瓶の色が茶色だからダサいと思うのは改めてほしい。ビールを愛するものにとっては青色の瓶など言語道断なのだ。その理由は、五章で紹介しよう。

さて、ビール瓶というものは、夏祭りなどで冷やして販売するのに樽などに張った氷水につけられることもある。これは業界用語で「どぶづけ」と呼ぶ。ビール瓶に貼られたラベルというのは、単なる結露程度の水分でなく、このどぶづけにも耐えなければならなかったのである。

最初のラベルはデザイン会社から直接発注された。条件は伝えておいたが、デザイン会社もラベル印刷会社も実際にはビールのラベルなど作った経験はなかった。考えてみれば、日本のビール会社は五社しかなかったのだから、下請け業者だって多くはない。この会社は、冷蔵食品仕様のラベル紙と糊でビールのラベルを仕上げてきた。

「これならば絶対に大丈夫です」というデザイン会社の言い分とは裏腹に、全然駄目だった。どぶづけどころか、冷蔵庫に入れているだけでも、少しずつ剥がれるのがでる始末。できるだけ綺麗な状態で出荷するために、横がめくれてきたものはまた張り替えたりして、なんとか新しい耐水ラベルができるまでの数ヵ月をすごした。

発売当時の顧客は地元の酒屋さんが主体であった。ほとんどの酒屋さんたちは、剥がれそうになっているラベルのことを「手づくりの証し」と、お客さんにうまく説明して売ってくれた。しかし、一本でも剥がれかけた瓶を見つけると、「すぐに取替えにきてください」と電話してくるコンビニもあった。対面販売といいつつ、実際にはそうでないコンビニでは致し方ないのだろうが、毎日いつ寝たのかわからないような創業期のなかで、一本の差し替え配達に行くのは実につらいものであった。

別のデザイン会社、印刷会社と取引するようになり、ビールのラベル紙として使用可能ないくつかのパターンがあることがわかった。一番簡単なのはユポ紙と呼ばれる合成紙を使用することだが、この紙は値段が高い。また、弊社のラベルのように金または銀色を使用する場合、このような紙では、印刷後に箔押しといって金銀箔を型で押し付けねばならない。これではどんどんラベルの値段が高くなってしまう。開業してすぐに値上げやラベルのデザイン変更などしたくないので、別の工夫をせざるを得なかったのだ。

結局、銀フォイル紙を使うことにした。これは、チューインガムを包んでいる銀紙のようなものだ。銀色の部分はそのまま地を出せばよいし、薄く黄色を塗ると綺麗な金色になるのであった。銀フォイルが水を完全にはじいてくれるし、都合よかった。

その後、イラストのような図柄をラベルにすることになった。銀フォイル紙では明るい色が出しづらい。絵の場合、下地は白のほうが映える。かといってユポ紙を使用してはビールの代金がラベル代で高くなってしまうので、普通のアート紙にコート材を塗ることでなんとかかどぶづけに耐えるグレードのものを作ってもらった。

ラベル作りについては、開業前にはデザイン以外に何も考えていなかったが、原材料費のなかでは馬鹿にならない部分であり、デザインに合わせてコストのかからないやり方を模索していくのも楽しいものである。

■「美味しすぎるビール」ができてしまった!

電化製品でもプラントでも初期トラブルというのはつきものである。

仕込みが終わったビールは、完成までの間、温度コントロールのできるタンクの中に閉じ込められる。この期間、ブルワーがすべきことは日々の発酵の進捗データを取りながら、発酵や熟成に適した温度を保つことである。発酵初期では、ほうっておくと活発な生態活動によってビール内の温度が上がってくる。品質の一定したビールを造るためには、発酵温度を一定に保たねばならず、この時期には温度が一度でも上がれば、冷却機で元の温度に下げるのである。

ビール工場を立ち上げて三回目の醸造のときだった。発酵を開始した直後、冷却機が壊れてしまったのだ。冷却機の故障は致命的なので、二基を並列にして冗長系を持たせていたが、両方とも壊れて、お手上げ状態になった。米国から部品を取り寄せる必要もあり、修復に一週間もかかってしまった。その間、ビールはどんどん昇温するので、冷却機からの冷媒のかわりに水道水を循環させてなんとかしのごうと試みた。しかし、通常は二〇℃に保ちたいところが、一時は二六℃まで達してしまった。もう駄目かと思いきや、できたビールは……。

「うっ、旨すぎる！」

なんとも言えない芳醇な香りとまろやかな味が出ている。しかし、僕は悩んでしまった。これは商品として出してよいのだろうか？ 非常識な温度設定と日々不定期に変化していく温度プロファイルは再現が困難と思われたからだ。外販専門のビール屋にとって、品質が一定であることは至上命題だ。いったん商品が手を離れると、商品の説明をするのは問屋さんであり、酒屋さんなのだ。この伝言ゲームのなかで、「今回だけ特別の味なんです」などというビールを同じラベルで出すことは許されない。

僕は泣く泣く、できたビールひとタンク分すべてを廃棄した。廃棄せねば酒税がかかってしまうからだ。ビールの製造過程といえども、勝手にビールを出して好きに飲んで良いわけではない。タンクに入っているビールは、仕込みを終えると、タンク一ミリリットル単位できちんと管理せねばならないのだ。ビールを途中で飲むのは、一般に品質を検査するためのみである。

僕は後にも先にも、このときほど品質検査のためにビールをしこたま飲んだことはない。

■栓抜きが引っかからない王冠

王冠を締める機械というのは単純な仕組みでできている。裾の広がりきったような新品王冠を瓶とともに尻つぼみになっている鉄の穴に押し込むのだ。

弊社の機械は北米仕様のもので、最初はマニュアルどおりの設定で王冠を締めた。しかし、北米で一般的に出回っている王冠に比べ、国内で調達したものは材質が堅かった。つまり、そのままではしっかり締まりきらないことがわかったのだ。そこで、マニュアルよりも強く打ち付けるように設定を変更した。

「とにかくしっかり締めておかねば」と思うあまり、強く締めすぎてしまったらしい。尻つぼみの穴深くまでギュッと締めて、これで安心と思いきや、お客様から電話がかかってきた。

「あのう、お宅のビール、栓抜きがひっかからないんですけど……」

僕はどこでもビールが飲めるように栓抜きのついたキーホルダーを持っていて、この栓抜きでは問題なかった。が、栓抜きの種類によっては確かに注意深く開けないとするっと空振りしてしまうではないか！　締めれば良い、というものではなかったのだ。調べてみると王冠の締め具合を測定する道具というものがあり、〇・一ミリ単位で測定しながら微調整することが可能なのであった。

簡単な機械を使ってのビール造りには、見えない部分で気をつけなければいけない要素が醸造以外の部分にも結構あるものなのだ。

日本のビールはどうすればもっと旨くなるのか

■日本のビールはなぜ「まずい」のか？……大手の問題点

ドラフト（draft）ビールというのは、本来「樽出し」ビールのことである。

樽出しのビールはうまい。瓶や缶への充填では、どんなにがんばっても、〇・〇〇二ＰＰＭ程度の酸素の混入は避けられないし、瓶では保管中の光酸化などの影響も避けられない。一方、樽には、ビールができたタンクの中の状態をそのまま別のタンクに移動するような方法で充填できるので、酸素の混入は瓶や缶に比べてきわめて少ない。注いでいる最中も、酸素に触れたり、溶解している炭酸ガス濃度が変化しないように、炭酸ガスによってビールを押し出すので、品質の変化が少なくてすむ。だから樽から出したビールは瓶や缶から出して飲むビールよりもうまいのだ。

さて、日本では「生ビール」という言葉がある。だがビールに対して、「生」という形容があるのは日本だけなのだ（そんなことを言えば「一番しぼり」も「吟醸」もそうだが）。

瓶や缶ビールについては、低温殺菌を施してビール酵母の活性を止めておかないと流通の過程で品質が劣化する。一方、樽出しのビールは、工場から近いビアホールや飲食店などで日を置かずに飲まれるため、日本では低温殺菌を施さなかった。

ビールの製造工程や出荷の思想とはまったく違うのに、日本酒の思想から、樽出しのビールのことを日本酒で使用している「生」という言葉で呼んでしまったことが最初の間違いだ。日本酒の世界では、低温殺菌のことを「火入れ」と呼び、火入れをしない酒のことを「生酒」と呼んでいる。刺身を愛するお国柄、なんであれ生のほうが新鮮で美味しそうに聞こえる。そこで、「樽出し」ビールの説明として、火入れをしていないことにひっかけて、「生ビール」と呼んだのであろう。

樽出しがうまいのは、もちろん火入れをしていないからではない。充填と注ぐ方法の差異によるものである。ヨーロッパでは、樽出しつまり「ドラフト」でも、火入れをしているビールもある。当然だが、火入れしていようといまいと、樽であれば等しくドラフト・ビールである。

問題は、日本のあるメーカーが、瓶入りなのに「生」と称した商品を発売したことから始まる。大手が出しているタイプのビールを市場で流通させる場合、ビール酵母が生きていては百害あって一利なし。だから、かつてはすべての瓶や缶ビールは低温殺菌して、酵母を止活していたのである。ところが、そのメーカーは殺菌でなく、除菌する方法で酵母による品質劣化をふせぐことにした。ビール酵母が通れないような一ミクロン程度のフィルターでビールを濾過するのだ。こうすれば低温殺菌（火入れ）する必要がないので、「生」だ、と主張したのだ。

充填方法や注ぎ方といった容器に由来する部分とは無関係に、熱処理をしていない瓶ビールを生ビールと表現してしまうと、「もしかして draft beer の美味しさが味わえるのではないか」あるいは「鮮度が良いのではないか」などと、消費者が勘違いしてしまう可能性がある。常温で九ヵ月というような賞味期限の長い商品に対して、低温殺菌をしていないから「生」と消費者にアピールするなんて、とても虚しいことに思えてならない。

除菌するためのマイクロ・フィルターを通せば、ビールの味わい成分も多少吸着されてしまい、味は薄くなる。これを称して「ますますすっきり」とか「クリアーな味わい」といえば、確かにその通りだ。単なる止渇飲料ならばそれでよい。しかし、その先に「うまい！」というのは合点がいかない。マイクロ・フィルターなんかで濾過されたビールはまさしく水代わり。こんな愚行は、日本だけの流行りだ。

味を付ければ好みが出る。大量生産、大量消費には味が薄い方が望ましい。ならばこの際、「ビールは喉越し」つまり「舌で味わないでね」と定義してしまえば都合がよい。一社当たり年間三〇〇億円以上の広告費をつぎ込んで宣伝し、一国のビールのイメージを単一なものに作り上げてしまったのだ！

さすがに日本のビール業界でも「これはおかしいのではないか」という議論があった。そこで、最終的には国税庁が一九八〇年に「ビールの表示に関する公正競争規約」により、熱処理をしていないビールを「生」ビールと表示してもよいが、「生のうまさ」とか「新鮮なうまさ」などと書いてはいけないとして業界内では決着している。しかし、そんなことは普通の消費者は知らない。

ビールの鮮度や味に影響がある部分を無視し、影響のない工程の違いで線引きされた「生」ビールの基準は不公正と考えるのが普通で、大手ビール・メーカーの中には、比較的最近まで瓶や缶の製品に「生」という言葉を使用することをためらっていた会社もあった。しかししょせんイメージ商品になりさがった現在のビール業界では、「生」という言葉《ネーミング》の魔力にいまだに魂を奪われている。

イメージにからんで、よく「一番麦汁とは何か」と聞かれる。実のところどうでもよいものだと思うが、ビールのことを知らなければ大事なことかと誤解しかねないので説明しておこう。ビールが発酵する前の液体を麦汁という。麦汁は、麦芽を挽いたものを湯に浸して糖分を抽出することによって得られるのだ。このとき、一般的な方法としては、最終的に得られる麦汁の全量の湯を最初から一気に入れてしまうのではなく、仕込み層の麦芽が全部十分に浸る程度の湯に留めておく。この湯に麦芽の糖分が染み出してくる。これが細かいすのこのようなもので濾されてくると麦汁となるが、最初に浸した湯にはまだ半分程度の糖分しか抽出されないので、新たに湯を断続あるいは連続的に投下して、麦芽についている糖分を洗い流すようにして効率よく抽出し、最終的にビールに適した糖度の湯（麦汁）を得るのだ。

一番麦汁という言葉は、この工程で、最初に仕込み層に投入する湯から得られる麦汁のこと、といわれている。通常の工程では、前述のように二回目以降に投入した湯を含めて最終的な麦汁としているが、それは、原材料を無駄なく使用するためのみならず、その方が美味しいビールが造れるからである。二回目以降の湯から得られる麦汁の糖度は、連続的に下がっていく。一方、麦芽から抽出されるタンニンの量は上がっていく。ビール造りにはある程度のタンニンは必要である。しかし、一定量以上になるといけないので、まだ少しだけ糖分が残っていても、タンニンの量がある値になったところでこの作業を止めるのが一般的。したがって、最初に出てきた糖度の高い麦汁だけで作るメリットなどどこにもない。

どこで湯の追加を止めるかは最初にレシピを作るときには測定しながら行うが、レシピが固定されてしまえば、最初から決められた量の湯を投入すれば良いだけの話である。何回に分けて湯を投入するかは作業上のことだから、やりやすいようにすれば良いのだ。どっちにしろ最適な湯の量は決まっている。一回の投入で連続的に行おうと、一般的に行われているように最初の一回とそれ以降を分けようと、どうでも良いではないか。もちろん、方法によらず、最適値からはずれてしまえば、味も変わるだろう。たとえば早く止めてしまってタンニンが少なければ、できあがりはどちらかといえばややふ抜けた味となる傾向がある。

話が長くなったが、要はビールにおいて何番麦汁かという問題は、麦芽から糖分を抽出する際の湯の投入方法の違いであって、その後の仕込み（煮沸）や発酵などの工程とは無関係である。

さて、日本酒の一番絞りを知らない人は少ないと思うが、念のために説明しておこう。日本酒では、発酵が終了して「酒」ができてから最初に絞ることを一番絞りと呼んでいる。日本酒は蒸し終わった米のデンプンを麹が糖に変え、それを酵母がアルコール発酵して造られる。発酵タンクの中には米の粕も残っていて、発酵が終了してもビールと違って白く濁っている。この発酵が終了した酒を濾過したものが一番絞りである。通常、一番絞りの酒は少ししか流通されず、一般の酒はこれを低温殺菌してから何ヵ月も貯蔵して味を整えて出荷される。まれに「生貯蔵」といって低温殺菌しないで貯蔵するものもあるが、この、長期貯蔵による熟成で味が整うのは、もはや微生物の仕業ではなく、主に化学的な反応であることはビールも日本酒も同じである。通常の「生酒」は、低温殺菌貯蔵後の酒に新たに酵母を加えて最終商品に調整したものが瓶詰めされた後にあらためて行なう低温殺菌をしていない酒のことである。

ちょっと話がそれたが、日本酒の世界で使われている「一番絞り」とビールで突然使われだした用語「一番麦汁」とは、何ら関係のないことがご理解いただけたと思う。

もう一つよく聞かれる言葉に「ドライ」とはどんな味か、というものがある。ワインや日本酒では、発酵が良くすすんで残っている糖分が少ないものをドライ（辛口）、その逆をスウィート（甘口）と呼んでいる。これは、実際に糖度計で測定した数値を基に判断できるものであり、日本酒ではこの値を日本酒度と呼んでいる。

ビールについての味と香りについてはさまざまな表現があるが、欧米で“dry”という表現は耳慣れない。ワインや日本酒のように最終的な糖度での区別はある。しかし、ビールの場合はデンプン質を糖に変える度合いから調整できるので、最終糖度が高いからといってかならずしも甘く感じるとも限らない。そこで、ビールの世界では、最終糖度の高いものは“full-body”と呼ばれる。味の感覚としては「まったり」となるものが多い。そうでないものは“light”である。ベルギーのトラピスト・ビールなどは full-body のものが多いので、お試しいただきたい。この定義からすると、日本の大手の一般的なビールはすべて light-body である。もっとライトなもの、といえば、その名の通りライト・ビールのたぐいである。

したがって、日本で「ドライ」という言葉が発明された当初のことを想像してみるに、ビールの世界で歴史的な認識のない言葉であれば、何をもって「ドライ」かは、勝手に定義しても問題はなく、それが広く認識されればそれで良い、ということであったと考えられる。別のメーカーが、まったく異なる味のビールを「これがドライだ」と称すれば、ドライ・ビールの認識は別のものになっていた可能性もあるのだ。

というわけで、では、いったい何がドライなの？と聞かれても、困る。少なくとも今そのような形容詞を使用している市販のビールを飲んで「これがドライだ」とイメージを持てれば、それがドライなビールの味ということであろう。

また、「きれ」という言葉がある。もっとも近い英語の表現としては"crispy"であろう。通常は、味ではなく、せんべいがパリパリするような食感を指す言葉である。"full-body"「まったり」したビールと対照的に、"crispy"なビールは「きれ」がある、というのはわかりやすい。もしも、"crispy"＝「きれ」＝「ドライ」であれば僕も納得できるが、各社の宣伝を聞いているとドライでないのに「きれ」があるビールもたくさんあるようだ。どれも爽やかで喉の渇きをよく潤してくれるビールであるとは思うが、その中で「きれ」と「ドライ」の違いなどと問われても、わからないくらいならどうでも良いのではなかろうか。

しかし「何がドライか」という質問はあとを絶たない。さらに不思議なことには、わからないのにどんどん買われているようだ。やはり宣伝には毎年何百億円もかける価値がある、ということだろうが、消費者の無知をいいことに勝手なイメージを作りあげるのにはあまり感心しない。

■日本の地ビールはなぜ「まずい」のか……醸造者の覚悟

ビール醸造の知識と経験をあらかじめ持たずに地ビール醸造に乗り出した会社は、ドイツ人技術者を招聘することもあった。あるいは人材をドイツの醸造学校に派遣して技術導入したり、日本の大手ビール・メーカーから指導を受けたところもあった。中には海外の装置メーカーから非常に短期間の運転指導を受けて始める例もあったようだ。

技術の導入方法がまちまちで、結果としてさまざまなグレードのスポーツカー＝高級ビールができ上がった。走りの良いものもあれば、見かけだけ素晴らしいというのもある。値段も、品質とは無関係に高かったりそうでもなかったり。外国人技術者の中にも、いろいろなグレードの方がいた。日本の空中雑菌が北部ヨーロッパより多いことなどを心得ている人、いない人。

日本で醸造している何人かの外国人醸造家と話をした。ほとんどの方は豊富な知識と経験を持ち、異国の地に各々の故郷の伝統的な食文化を伝道することに気概を持っていた。しかし、ちょっと残念なケースもあった。

北海道あたりの緯度にあるドイツに比べると、日本は温度も湿度も高い。したがって空中雑菌はドイツよりも多い。にもかかわらず、ドイツではこうして造っている、と言い張って、少々ずさんな雑菌管理をしている例をみかけた。酸味を出すべきでない種類のビールに酸味が出ているのは、空中雑菌であるビール乳酸菌が混入しているからではないか、と指摘したが、ドイツの伝統を盾に聞き入れてくれなかった。

僕がアメリカの南部や西部で話をしたブルワーたちは、皆、ドイツよりも空中雑菌が多いことを作業上の注意点として挙げていたのを思い出して残念だった。

エールやラガーの伝統的な手法で造られる地ビールが、日本人には馴れない味であることは間違いない。それまで存在しなかったのだから。しかし、好みとは別の次元として、本来あってはならない味のビールを製造してはいけない。ビール大好き民族ドイツ人には多大なる敬意を払うが、ドイツ人が造れば何でも安心というわけでもないことは肝に命ずるべきである。

さて、そういう困難を乗り越えてやっと納得のいくビールが造れた。いざ、と豊かな味わいのビールを送り出すと、これまで「ビール通」で通っていた多くの食通方から「こりゃ変わってて駄目だよ。日本人の口にあわないよ」という批判を受ける。

これは当たり前のことだ。ずっと日本の公道でカローラを運転してきた人にフェラーリを押し付けたって意味がない。ところが、それでは売れないのかとあわてて大手のビールに近い味を求めてしまう地ビール業者もあって、情けないかぎりである。

ビールは本来、欧州で育てられたものなので、日本の「地ビール」といってもピンとこない。欧米でも、"micro brewery"（小規模ビール醸造所）という言葉が一般的で、"local brewery"という言葉はあまり使われない。にもかかわらず、日本酒の「地酒」になぞらえて「地ビール」という言葉が定着してしまった。僕はこの言葉は好まないが、この言葉を発明されたある大手ディスカウントの社長は「国税局も真似して使い出した」とご満悦なので、経営の大先輩に敬意を表してこれ以上は議論すまい。

さて、なぜこんな話をするかというと、「無理やり特産品」という地ビールが出始めたからである。地場の特産品を上手に使った新しいビールには醸造家の一人として大喝采を送りたい。しかし、基本的なビール醸造の心得もないのかと愕然とするようなものまで地場のものだからと無理やり入れた、というような地ビールがあるのは悲しい。以前、一般のお客様から、「このビールはなぜこんなにまずいのか」と他社が造った地元産品入りの地ビールが持ち込まれた。確かに妙な味がする。その後、この地ビールファンの方は、いくつかのビールを持ってこられた。「うまい、まずい」というのは個々の感覚なので、同業者としては一緒になって「まずいねぇ」などとは言えないが、まじめなビール・ファンの方だったので、僕なりに妙な味の原因について説明した。油脂が酸化したものが入っているもの、タンニンがあまりに多い成分のもの、タンパクが多すぎるもの。入っている原料から容易に想像できるデメリットがそのまま味に表れているのだ。これらのデメリットを克服したり逆にうまく利用する努力もなしに、単に地場のものだから、という安易な発想で造られる「地」ビールは残念である。

■消費者の責任とは？

日本よりも一〇年以上前に規制が緩和された米国では、全米各地に地ビール会社が続々誕生し、今では新しい産業としてしっかり地位を確立した感がある。

しかし、日本では現在、撤退せざるを得ない地ビール業者も少なくない。地ビール製造業とレストラン業の区別ができずに投資やマーケティングに失敗した経営者の責任もあるが、業界全体の低迷の原因はそれだけではない。また、欧米人は口が肥えているが、日本人はグルメの味がわからないのかといえば、そんなことはない。洋食だってワインだって、充分、産業として成り立つだけのファンがいる。

しかし、ビールに多様な味わいを求める人の層は欧米に比べてきわめて薄い。僕は三つの原因があると考えている。

一　ビールにさまざまな味わいと楽しみ方があることを知らないこと。
二　ビールの酒税が高すぎて、気軽に地ビールを買えないこと。
三　ビール（酒）の販路が免許業者に限られていて、流通が旧態依然としていること。

日本で地ビールが苦戦している最大の原因は、ビールの美味しさや楽しさが知られていないことである。日本で生まれ育った人であれば知らないのは当然だ。ビールとは大手メーカーの造っているものだけで、一方的に「ビールは喉越しです。この味がうまいのです」と毎年、これだけの規模のキャンペーンをされつづけているわれわれのビールに対する潜在意識や期待感というのが、そう簡単に変わらないのはうなずける。

しかし、ここで簡単にうなずいてばかりいてはビールに未来はないので、地ビール会社を興した者はもっと消費者への啓蒙をせねばならない。

大手と同じ手法を使うなら、四社合わせた一千億円超の規模で宣伝し返さねばならないだろう。これは不可能だし、ビールが内容よりもイメージだけの業界になっているのを助長するようなものだ。

自分たちが造るビールはどのような味わいか、どう飲むとより旨いのかをアピールする。旧態のシステム以外の販路を開拓する。そして、一人でも多くの人に本当のビールを味わってもらうしかない。

米国では、「メディアで宣伝されるものは、企業がお金を払って自分の言い分を述べているのです。ですから、すべてを鵜呑みにしてはいけません」と学校で教える。大統領選挙すらTV討論で決するイメージ戦略の発達したお国柄ならではかもしれない。

日本でこのような教育が行われているという話は聞かない。しかし、消費者のなかには良識を持って真の情報を求めている人もいる。そのような人は全国に点のように存在しているので、マスで啓蒙するのは困難だ。そこで、僕は、メールマガジンを発行してビールに興味がある消費者の方々に向かって情報を発信してきた。地道だが、読者からの反響には手ごたえがあった。

それでも、メールマガジンの運営費を商品に上乗せする気はないこともあり、メールマガジンにも宣伝費用はかけなかった。この場合、とくに興味をもってインターネット上で情報を求める人にしか情報が届けられない。豊かな社会を築くためには、消費者が豊かな社会を求めなければ始まらない。時に大金を使って喜びをわかちあうワインの情報をあさり、その味を確かめるように、ビールにももっと貪欲になってほしいと願っている。漫然と宣伝を聞いていても、大手の言い分しか聞けないことに気づいてほしいのだ。だから、宣伝に踊らされたあげく「ドライだからうまい」などとうのみにせずに、自分の舌で確かめてほしいのだ。ほしいビールの値段が高ければその原因を知って、原因を作っている人を怒ってほしいのだ。

■改革なき日本のビール酒税……政府の問題点

日本のビールへの酒税がきわめて高いことは繰り返し述べてきた。これが日本のビールをまずくしている元凶でもあると。だから日本のビールを、旨い地ビールの存在を認めるのであれば、酒税の税率にも考慮をしなければ、規制緩和としては不十分だ。

米国では、地ビールの業界団体である The Brewer Association of America（BAA）が、米国でも欧州各国のように中小のビール業者には減税せよ、という運動を興し、一九七六年と九〇年にこれが認められている。BAAによると、九〇年の減税対象の中小醸造者が二五〇社だったのに対し、この減税措置以降、米国の地ビール業界は順調に発達し、九九年には約一五〇〇社にまで成長しているという。

さて、日本ではどうすれば良いのだろうか。

不十分な制度を変えてほしいと外野席にいる一般市民がいくら訴えても、日本型擬似民主主義では誰も聞いてくれない。役人、民衆、政治家は、グー、チョキ、パーの関係なのだ。民衆が何を言おうと、役人は都合に合わせて建前と現実論をごちゃまぜにして、「とにかく決めるのはこっち」と決め付けている。つまり、民衆はチョキしか出せないと決めておいて、自分ではグーを出す権利を持っている。それでも何とかしたければ、民衆としては、パーを出せる「政治家」という人を頼らねばならない。

しかし、政治家というのも忙しい人で、誰彼となく話を聞いているわけにもいかない。たったの一票ではなくて、団体票が期待できる組織か、献金が期待できる有力者からの話でないとなかなかことが運ばないのがつねである。

そこで、個々の地ビール業者では難しいということもあり、業界団体である全国地ビール醸造者協議会（ＪＢＡ）が、一九九九年から担当官庁である国税庁、その親分である財務省（当時は大蔵省）、そして、二〇〇〇年から彼らに「パー」を出せる政府与党を中心とする国会議員の先生方へ減税に関する要望を提出しつづけてきている。

全国の地ビール業者が束になっても、「ビール」市場の一％にも満たない規模では、ビールの酒税全般に注文をつけるのはおこがましい、とのことで、ビールの酒税全体を下げよという要望は自主的に却下するしかなく、とりあえず、小規模事業者への軽減税率を設けていただきたい、という要望となっている。

日本国内ではこれまでにも、酒税の増税があると、中小企業への影響を少なくするための特別減税措置をとってきた。清酒（日本酒）、焼酎、ワイン業界はこの恩恵に与っていて、大手メーカーの酒税の三割減で良いことになっている。この法律ができた当時には、規制によって小規模のビール業者は存在しなかった。しかし、今は存在しているのであるから、ビール業界でもこの措置を適応してほしい、と要望しているのだ。

しかし、二〇〇〇年はこの要望は却下された。二〇〇一年もめげずに活動を続けたがかなわなかった。日本の地ビール業者の体力はその間にもどんどん弱まっている。

■ビール業界の構造——卸・流通の革新が緊急課題

地ビール会社の形態はいろいろであるが、産業としてはこれまで日本になかったサービスを提供するという点でまぎれもないベンチャーである。しかし、販路はというと、卸業者も小売業者も政府（国税局）からの免許業者でなければビール（酒類）を扱えないのだ。ベンチャーの一般論では、販路が政府許認可業種というのは参入を控えたほうが良い、となっている。まったくその通りだと思う。

僕が地ビールを造りだしてから、ビアライゼ株式会社のビールを売りたい、というオファーはたくさんある。しかし、それらのうち九八％が免許を持たないために商談成立とはいかないのである。たとえば、地元、千葉県の牧場で、ネットで猛烈にソーセージなどを売っている。同じ地元産の地ビールをセットで売りたい。セット商品をつくるとなると、どうしても弊社がその牧場のソーセージを仕入れてセットを作るしかない。しかし、うちはそのショップのモールの業者でないので、そのショップのお客を奪うような行為は許されないし、牧場側もお客を他社サイトに持っていかれてまでセット販売する意図はない。

また、わが社のビールは大手に比べて女性顧客の比率が高い。そこに目をつけた美容チェーンが、シャンプーなどと一緒に一段上のライフスタイルの提案として店で売りたい、と申し出てきた。いずれも、不況知らずの新進気鋭の会社であったが、こういった企業と組むことができないのだ。新しい商品、新しい価値を売るには、新しいやりかたで売る販路がほしい。しかし、ビール業界ではその道はきわめてけわしい。

酒販業界の人は、一般の人にくらべて「ビール」のことを良く知っている、と思っている。もちろん、大手のビールや、バドワイザーなど日本の卸業者が扱っているビールについては良く知っているだろう。また、なかにはヨーロッパのビールについても良く知っている人もいないわけではない、がそういう人は少数派である。

次の質問項目を見ていただきたい。経営上層部には国税庁から天下られた方々が名を連ねる大手酒類卸業者が、新たにビールを取り扱うときにメーカーに記入させる項目である。

下記該当項目に○をつけてください。

（一）ラガー　（二）生　（三）黒　（四）スタウト　（五）その他（　　　　）

この質問の並べ方は、これまでどんなビールを扱ってきたかをしのばせ、あるいはビールの一般的な説明用語としてこんな項目しかなかったのかと愕然とする。それぞれの質問項目がまったくカテゴリーが異質なうえ、最後に（五）その他　といわれても、一体どんな回答を望んでいるのやら？ これだけの質問項目というのも寂しいものだが、もしもこれから、地ビールを扱っていただけるのであれば、せめて次のように書いてほしいものだ。

該当項目に○を付けてください。

一、（**ラガー／エール**）　二、（**濃色／褐色／淡色**）　三、（**熱処理済／非熱処理**）

四、スタイル（　　　　　）

さて、ビールを新たに扱うとなると、かならず行われるのが「試飲」というものである。僕は、いろいろな団体や顧客を前に試飲の機会を持ってきた。

ビールの味に対する好き・嫌いというのは誰にでもある。個人経営飲食店の店主であっても、試飲するときには、顧客がこの商品を喜んでまた買おうと思うほど好んでくれるかどうかということを想定しながら吟味する。レストランでも、シェフが味や店のありように信念のある人ほど、試飲後の会話は弾むものである。このようなシェフの場合そくざに、これこれの料理とのマッチングでお客さまに薦めたいが、造り手として納得するか？　なぜなら、このビールの場合、香りが……など、かなり具体的なイメージで突っ込んだ話ができる。僕のビールを置いてくれているシェフは、大抵の場合、ビールにほれ込んでくれている。実は自分自身はこのタイプは好みではないが、お客さまにはこれを好む方はかならずいらっしゃる、と自信を持って薦めてくださっている方もいる。

しかし、酒類卸業界や小売業界でわかったことは、たまたまその担当者が「好き」と思ったビールでないと、なかなか取り扱いは困難だ、ということだ。また、多くの方々と試飲会をやったりしてコメントを聞いてきたが、僕が経験したなかでは、酒類卸業界の方はもっとも保守的で、好き嫌いは別としても、新しいビールについてもっともな感想を述べられる方がなかなか少ない団体だと感じている。

少なからずお世話になっている業界になんたる物言いと思われるかもしれないが、残念ながらそれが実感だ。大手のビールばかりでなく、もっと地ビールの良さを理解して、広めていただきたいと本当に願っているのだ。地ビールは海外でさまざまなビールを楽しんだ人や新しい味を求める人たちには大変喜ばれている。そういう顧客の嗜好調査や市場調査のうえ議論できると思っていたのに、とんでもない。僕はこの業界には大変がっかりしている。

日本より一〇年ほど早く規制緩和されて地ビールが興った米国では、現在多くの酒屋さんに地ビールを置いているし、ちょっと大きな店なら全米から百種類以上の銘柄を集めているところも珍しくない。卸も小売業界も、地ビールを新たな差別化の武器にして賑わっているのだ。ところが、日本では酒販売免許の規制のもとに何の工夫もなく「儲かる」ことのみに固執しているように見える。規制を緩和し、民の創意工夫の場をもたらすことこそが官の役目だと思うし、民である業者もそれを求めてほしいのだ。

デパートで僕のつくったビールを購入して頂いている。これはありがたいことだ。だが、すべてのデパートがそうではないが、消費者はビアライゼ株式会社のビールがどのような取引を経てデパートで購入できるのかご存知だろうか。デパートから注文を受けると、弊社は工場から直接そのデパートに商品を届ける。しかし、請求書は卸業者に送付し、卸業者は弊社出荷価格にマージンを乗せてデパートから卸値を受け取る。

この話を紙業界の人にしたらびっくり仰天していた。紙業界では、メーカーが直接物流業者を使って紙を届けるよりもはるかに効率の良い物流を持った卸業者だけが生き残っているそうだ。たとえばネットによる「中抜」をしてメーカー直販するよりも、卸業者を介したほうが安く紙が届けられる、ということだ。明らかに卸業者としての存在価値がある。

しかし、弊社の場合、宅配便でデパートに納入するので、これをそのまま消費者に届けたところで何らコストの変化はない。この場合、「中抜」分はすべて消費者のメリットになり得る。かといって、メーカーが個別の顧客管理をするのは大変だ。そこで、ＩＴを駆使してそこをうまくやりましょう、という会社がたくさん相談にくるものの、酒卸または酒小売の免許が無いことがネックになって、どうしても既存の免許業者の販路に戻らざるを得ないのである。

酒の小売に対しては、規制緩和がなされようとしている。酒屋さんへの天下りというのがいないから、というわけでもないだろうが。

だが、酒卸の規制緩和という話はなかなか出てこない。新しいものを造って売る者にとっては鬼門である。消費者にとっても不幸である。幸福なのは誰だろう……。

地ビール解禁後数年の間には、すべったころんだと、いろいろなビールがいろいろな価格で出たりしていた。しかし、五年くらい経って、大方日本における地ビールというものがどんな商品になり得るのかというのが見えてきた。

価格としては、当初は三三〇ミリリットル（いわゆる小瓶のサイズ）で五〇〇円以上していたものが、平均すると、三〇〇円代の後半くらいまで下がってきた。品質も格段に向上し、同業者で組織する全国地ビール醸造者協議会で行っている品質検査とそのフィードバックなどのプログラムにも積極的に参加する業者が増えた。

味と品質とは似て非なるものであるから、品質が揃って向上したからといって、同じ味のビールができているのとはまったく意味が違う。まだまだ難問が山積しているが、日本でも、それなりの品質のさまざまなビールが楽しめるようになりつつあるのは間違いない。

第五章

ビールの美味しい科学

ビール通への道②

《ビアライゼ》のビールが旨い秘密は……

本物のビールはうまい。さらに、その味は、素材、仕込み方、保存状態、注ぎ方から飲み方、飲む人の体調までまさに無数の事柄が織り合わさって、美味しさを深めてゆく。せっかく飲むのだから、この一杯を思いっきり美味しく味わいたいものだ。

そこで、美味しいビールの味わい方のコツ、ビール屋が体得しているビールの科学をこっそり伝授しよう。ビールとのより深い付き合いを楽しむヒントにしていただければ幸いだ。

ビールの美味しい飲み方

■ビールの泡の役割は？

夏はビアホールやビアガーデンが天国に見える季節。この時期になると、大きなジョッキに注がれたビールにとっぷりとあふれんばかりの白い泡くらい魅力的に見えるものはない。さて、そこで思い出すのが橋本直樹氏の著書『ビールのはなし Part2』（技報堂出版）に紹介されていた話。

もし、ビアホールでウエイターが運んできたビールの泡の量が多かったら、お客はどう思うのだろう？　程度にもよるが、ほとんどの人が不満に感じるのではないだろうか。じつは戦前、ジョッキに注がれたビールの泡が多すぎるという訴えがあり、なんと裁判にまでなったことがあった。審議に際し、坂口謹一郎博士が泡の分析を行った。結論は、「泡もまたビールなり」。そして、「一五～三〇％の泡は適当である」という判決が出た。

ビールは空気に触れると酸化が進んだり、炭酸ガスが抜けたりして味が落ちる。ビールの泡はこれらを抑える働きをする。泡は、まさに蓋のような役割を担っているわけだ。また、ビールの泡は雑味を凝集する効果もあり、泡には苦味成分などが多く含まれているが、この苦味成分は放っておくとビールに戻っていく。

ビールを注ぐときや、注がれたビールの泡に文句があるときには、この判例を目安にするといいかもしれない。

もっとも、欧州のビアバーでは、「ビールはここまで注ぐことになっている」といわんばかりの線が入ったグラスを見かける。案外、欧州の長い歴史の中でもビールの泡が原因で揉めることがあったのかもしれない。

ところで、ビールの製造・販売を始めた頃、お客様からこんな質問を頂いた。

「ビールの王冠を開けたとき、瓶の首のところに見える雲のようなものは何でしょうか?」

ビール瓶を見ると、王冠とビール面の間にスペースがある。この部分（ヘッドスペース）にある気体は、ほとんどが二酸化炭素だ。そこに、ビールの主成分である水とごくわずかなアルコールが蒸気となって浮遊している。王冠を抜く前、ヘッドスペースの水蒸気は平衡状態にあり、無色透明な気体となっている。ビールには炭酸が溶け込んでいるので、ヘッドスペースは大気よりも気圧が高い状態となっていて、五℃に冷えていても〇・七キログラム／㎠程度の圧力下にある。

瓶の中に雲が発生するのは、王冠を勢い良く抜いたときに起こる。そーっと抜いたのでは雲は発生しづらい。王冠をシュカッと勢いよく抜くと、ヘッドスペースは急激に減圧される。その急激な減圧のため、ヘッドスペースの温度が急降下し、瞬間的に零下になるのだ。そこで浮いていた水蒸気が結露して、白く雲となって見える、というのが「ビール雲」の正体である。

ビールは栓を抜かれ空気に触れたその瞬間から、酸化が始まっていく。さあ、ぐずぐずせず、すぐに注ぐことにしよう。

■美味しいビールの注ぎ方

僕の大学時代やサラリーマン時代には、宴会でビールを注ぐときにはあまり泡を出さずに、

「グラスを傾け伝わらせるようにそぉーっと注ぎ、グラスのふちまでいっぱいに満たす」のが常識だった。こうした奇妙な作法の始まりは、ビールをこぼしてお座敷を汚さないためだったということをどこかで聞いたことがある。味や香りにこれといって特徴のないビールであればこうした注ぎ方でもかまわないが、美味しいビールを味わって飲みたい、あるいは飲ませたいときには、この習慣のことはすっかり忘れていただきたい。

では、美味しいビールを美味しく味わうためにはどう注ぐべきか。

一、最初にグラスの底をめがけて一気にドドッと注ぐ。ただし、あふれるほど乱暴な注ぎ方は禁物である。
二、徐々に注ぐ勢いを弱め、沸き立つ泡を加減しつつ、泡がこぼれる直前で一休みする。
三、泡が落ち着くまで少しのあいだ待つ。待つ時間はビールの種類や温度によって異なるが、数秒から、中には一〇秒以上かかるものもある。
四、その後、泡が表面張力でグラスからこんもりと盛り上がるように、泡の上からゆっくり注ぎ足して完成。

泡の比率は、裁判の判例どおり一五～三〇%。個人で楽しむときには、やや多目の方がいいかもしれない。よく、ビールと泡の比率は七対三くらいが美味しいと言われるが、じっさいは八対二の場合と比べて味が違うということはない。しかし、ゆっくり飲む場合には泡が多い方が後々まで泡が残るので都合がよい。

この注ぎ方の基本は、最初に泡を立てて注ぎ、その後泡の落ち着き具合をみながら調整して注ぐ、というシンプルなもの。このように、最初に泡を立てて全体量を調整する場合には、ビールの泡の出方をあらかじめわかっていないと失敗することがある。勢いあまってこぼしてはもったいない。炭酸ガスの溶解量が多いビール、すなわち炭酸の多いビールや、泡立ちやすい性質のビールの場合、「ドドッ」と注がなくても十分よい泡ができる。

とくに注意が必要なのは、泡立ちがとてもよい南ドイツ・バイエルン地方のヴァイツェンだ。これにかぎり、日本の「お作法」に準じて傾けたグラスの中にビールの瓶を突っ込むようにして静かに注ぐと、ちょうどよい泡になるようだ。ヴァイツェンの注ぎ方は次のとおり。

一、傾けたグラスの中にビールの瓶を突っ込むようにして注ぎはじめる。
二、一割程度のビールを、注がずに瓶に残す。
三、いったん瓶を立ててゆっくりまわし、沈殿している「おり」がビールに混ざるようにする。
四、最後に「おり」の混ざったビールを泡の上から加える。

ヴァイツェンは、酵母が生きたまま入って瓶内熟成をしている。瓶の底の「おり」はビール酵母のかたまりのようなもので、体に良いことで知られているが、こうすれば、「おり」も残さず飲めるというわけだ。中には酵母が濾過されて濁っていないヴァイツェンもある。このような場合には上記の二〜四は不要。一気に注ぐとしよう。

バイエルン地方にあるヴァイツェンのメーカーでは、専用の細長いグラスを用意している会社もある。この細長いグラスは、傾けたグラスの中にビールの瓶を突っ込むようにして注ぐと、瓶一本がちょうどグラス一杯に注ぎきれるようにできている。適度な泡も含め、具合よく注げるというわけだ。

ちなみにこのグラスで「乾杯」をするときには、グラスの「腹」同士を合わせるのではなく、少々ガラスの厚くなった「底」のほうを合わせるのが本場のスタイルだ。

■サーバーづかいの達人になるには

二〇〇〇年の春以降、大手ビールメーカーのノベルティとして、ビールサーバーが登場した。「手前に引いてビール、押すと泡」という宣伝コピーを覚えている方も多いと思う。また、パスタの手打ちマシンやエスプレッソマシンのように、自前のビールサーバーを持って、自分で理想の泡を造って楽しもうという凝り性のビールファンも増えてきた。家庭用から業務用まで、各種のサーバーが市販されている。

現代のビールサーバーでは、コックを手前に引けば、よく冷えたビールが泡も立たずにしずしず注がれるようになっている。よって、グラス七分目くらいまでは大人しくビールを注ごう。その後、泡を出す。現代のサーバーには良い泡が出るような機能がちゃんと付いており、力をいれてコックを反対側（奥）に向けて倒せば良い。すると、ちゃーんとクリーミーな泡がコックから出てくるように設計されている。この道具はビア樽（タンク）ではなく、市販のボトル缶を用いるものだが、ビア樽からサーバーを通してビールを注ぐ場合にも、やり方は同じだ（多くのパブなどに備えられている業務用サーバーは、タンクから高圧で極細のパイプを通るビールを液体窒素で瞬時に空冷する方式で、構造が異なる）。

もう一歩進んだアドバンストコースもある。現代のサーバーのような泡出し機能を持たない、ちょっと旧式なコックのサーバーで注ぐ方法について……。

基本的には、瓶からグラスに注ぐ方法と同じ。最初に「どどっ」と注いで泡を出し、その後、そぉーっと注いでいって泡の量を調整する。でも注ぎ口（サーバー）は動かないので、グラスを動かす必要がある。ビールを注ぎ出したら、すぐにグラスをコックの下の方に勢い良く下げて泡を立たせよう。その後は、泡の量を見ながら調整する（やりすぎると泡だらけになるので、ちょっと試してからやってみてほしい)。

この方式で難しい点は、最初の泡の上のほうに大きな気泡ができてしまうこと。そこで、泡がグラスの上にこんもり盛り上がってきたところで、泡切りナイフをさっとグラスの上面に滑らせ、大きい気泡を切り去るのだ。その後、静かに沈んでいく細かい泡がこぼれない程度にそっとビールを注ぎ足して完成。あぁっ、うまそ〜!

ポイントは、最初の「どどっ」というところで適正な泡を出せるかどうか。「どどどどっ」とやりすぎるのはもってのほか、とはいえ、こわごわ注いだのでは泡は立たない。そんなわけで、サーバーからビールを注ぐのはかつて職人の腕の見せどころだったようだ。一定量の泡がかぶさればいいというわけではなく、どの季節でもきめ細かくなめらかに、しかも泡持ちよいものにするには、数値を超えた感覚と経験がものをいう。現在も、最初に泡出しをきちんとして注ぎたいというビアホールでは、熟練の注ぎ手さんが旧式のサーバーで奮闘している。これが、どんなハイテクもかなわないしっかりとクリーミーな泡というのだから脱帽するしかない。

■ビールの温度とグラス——四季を通じて楽しむ方法

イギリスのエールはあまり冷やさない方がよいとか、冬、ドイツではビールを温めて飲むらしいという話をよく聞く。事実には違いないが、どちらの国でも大半のビールは日本の家庭と同様、四季を通じて冷やして飲んでいるし、いちいち適温になるのを待ってから飲む人はきわめて少ない。つまり、冬といえどもそう特別のことをするわけではなく、ごく「普通に」ビールを飲んでいるのだ。

そもそもビールが伝統的に造られている地域はワイン造りが盛んな地域よりも北にあり、ドイツ、ベルギー、イギリスのように冬の寒さは厳しい。そのような寒い地域で、冬でもビールが盛んに飲まれているのはなぜか？　答えは簡単。冬もビールが美味しいからだ。

しかし日本では、残念ながら冬はめっきりビールの需要が減る。もちろんイメージのためだ。「喉の乾きをいかにすっきり潤すか」がビールの決め手だと強調した結果、ビールはゆっくり楽しむお酒ではなく清涼飲料水であるかのような役割が確立し、冬は敬遠されてしまうのだ。それに、日本では一般的にビールを冷やしすぎる傾向があると思う。温度が低いと味も香りも感じにくい。しかし、うちに限らず小規模ビール会社が、冬でも美味しがってもらえるような味わいのあるビールを造っている。とりあえず水分がほしい夏より、むしろ冬こそビール本来の味や香りをゆっくり楽しむのに絶好の季節なのだ！

では寒い冬、どのようにビールを味わえばよいのだろう。まずはジョッキでガブガブ飲むのはやめることだ。できれば脚付きのグラスでゆっくり楽しみたい。グラスはワイングラスのように口の広い形がお薦めだ。とくにチューリップ型をしたグラスは香りを包み込むので、芳香がより強調される。

香りの強度が増すとそれまでとちがう味わいに気づく。たとえば、ピルスナーというビールで試してみよう。ピルスナーは「すっきり系」の代表格で、ヨーロッパのビールの中では香りを楽しむタイプではない。そもそもピルスナーグラス自体、短めの脚が付いたほっそり形である（ヨーロッパではビールのスタイルごとにグラスが決まっているものが多い）。しかし、良いピルスナーは香りも良い。グラスを変えることで、ピルスナーの新たな魅力を発見することができるだろう。醸造家が、隠れた香りにどのようにこだわったのかを探ってみるのも一興だ。あるいは、好きなビールを細長グラスと広口グラスで飲み比べてみるのもいい。

なお、広口グラスには目一杯注がないこと。香りを包む空間がなくなってしまっては、意味がないからだ。

■ビール保存のポイント――瓶が茶色の理由

ビールは光に弱い。すっきりとした苦味と香りのビールが、光にさらされることで台無しになってしまう。

ビールに欠かせないホップ、その最大の強みである「苦味」の成分は、日光や蛍光灯の光によって分解されやすく、ビール中の別の成分と結合して、日光臭とかキツネ臭といわれる嫌な匂いを発してしまうのだ。この現象を簡単に光酸化とも呼んでいる。

この光酸化を引き起こす波長を最大限カットするために、茶色の瓶が使用されているのだ。茶瓶がこの波長をカットする効率は、黒瓶よりもすぐれており、青色瓶では素通しに近い。もっともビール内で光酸化を引き起こす成分はホップの苦味成分だけなので、これを化学的に処理して光酸化しないようにしたホップオイルを用いた製品で、奇抜な透明瓶を使用している例はある。メキシコのコロナがそれである。しかし、このような化学処理したホップオイルを用いずに瓶詰したビールを流通させるのであれば、茶色の瓶に限るのだ。

地ビールで、茶色以外の瓶を使用しているものをしばしば見かける。これらのメーカーの主張は、商品の賞味期限は短く要冷蔵が前提なので、飲まれるまでは冷暗所に保管されるはずである、というものだ。だが、個人への直販であればそうかもしれないが、「何年も《生》ビールを扱ってきた」プロの酒業界では、平気で日光にさらして流通するのが常である。しかも、蛍光灯の光ですら光酸化は進むので、品質で勝負するなら、僕は茶瓶がベストだと思う。

理想的なビールの保存場所は、真っ暗で五℃以下の低温の場所。家庭なら冷蔵庫の中がベストである。とくに低温殺菌せずに酵母が生きたまま入っているビールであればかならず冷蔵庫に入れる必要があるといえよう。

低温殺菌されている場合や、大手のいわゆる「生ビール」という酵母除菌処理をしてあるビールの場合は、室温で保存しても品質の劣化はきわめて緩やかで、さほど神経質になる必要はない。これらのタイプのビールは、賞味期限が六ヵ月とか九ヵ月というようになっており、その日を過ぎると突然飲めなくなるような生モノではない。また、温度の上げ下げを繰り返すと品質の劣化が加速されることが良く知られている。しかしこれも、意図的な実験でもしない限り大丈夫。コンビニで冷えたのを買ってきたけど、ぬるくなったのでまた冷蔵庫に入れたらもう味が落ちる、というほど敏感なものではない。

輸入ビールも手に入りやすくなったが、保管温度はビールのタイプによってちがう。でも基本は「冷暗所で保存。早めに飲む」を心がけたい。

ちなみに、地ビールでも低温殺菌をしているビールの場合は温度について神経質になる必要はない。それでも光酸化は進むので、ビール瓶は箱の中に入れて光は極力避け、早めに飲んでいただければと思う。

美味しいビールはどうやって生まれるか

ビールの味の決め手は、なんといっても原材料と仕込みにある。まずは、基本的な原材料から、それぞれがどんな役割を果たし、どのようにビールの味わいに貢献するのかを紹介しよう。

■味の骨格をかたちづくる——モルト

ビールの味の決め手といえば、まず挙げられるのがモルト（麦芽）。なぜ「主原料」と呼ばれるかというと、一般的には水を除いてもっとも大量に使用される原料ゆえだろうが、造り手としては、お酒＝アルコール発酵をするための基本となる原料であるから「主原料」だととらえている。

それでは麦芽使用比率二五％未満という大手の発泡酒の主原料は何？という疑問を持っていただければここまで本書を読んでいただいた甲斐もある。そんな飲料に甘んじねばならない税制がいかに情けないものであるかを実感していただけたであろうか。

何はともあれ、モルトはアルコール発酵をするための糖分の源である。麦芽は発芽前の「麦」と異なり、デンプンをアルコール発酵可能な糖類に分解する酵素を含む。

米も同様に発芽させれば酵素が発生するが、麦芽のように充分な量ではないため、日本酒では米に麹菌を加えてデンプンを糖に変えたのち、酵母菌でアルコール発酵させる。僕は、会津板下の日本酒蔵元の方々と共同で米麦芽からのビール醸造を試みたことがあるが、酵素力不足と、米ぬかの油分の除去が通常の米を磨くようにうまくできないことから商品化を見送った。

発芽させ酵素を含んだ麦を、温風乾燥（焙煎＝モルティング）するが、このときの熱の加え方によってモルトの風味が決まる。造りたいビールの香りや色により何種類かのモルトを組み合わせることも多い（第三章参照）。

ここでは、アルコールの元であるモルトの量とアルコール度の関係について述べようと思う。粉砕したモルトを湯で漉していくと、最初に出てくる麦汁にはたくさんの糖分が含まれている。この糖分はアルコール度を左右するもので、糖度という単位で測定される。液体の屈折率を利用する糖度計もあるが、単純に比重を測定する方法もある。水の比重を一として、糖分が溶けていればその分重くなる、という考え方だ。液体の温度が高くなると比重は軽くなるので、温度による補正をしながら測定する。

さて、モルトを湯に浸し麦汁をとる作業を繰り返すと、次第に糖分が少なくなり、さらにはタンニンの抽出量が増えてくる。タンニンもある程度は必要であるが、一定量を超えては渋みが出て望ましくない。そこで、ペーハーを測定しながら、タンニンの量が適当なところで抽出をストップする。その後、求めるアルコール度となるように設定した比重となるまで水を加えて麦汁を造るのが一般的な方法である。

モルトから糖分を抽出し終わり、発酵を始める前の比重を初期比重という。発酵が終了すると糖分はアルコールに変わり比重は一に近づく。発酵を終了した段階での比重を最終比重という。最終比重でも、完全に一になることはない。モルトのデンプンが一〇〇％糖化されているわけではないので、酵母が食べられないデンプン質が残っているからだ。

ベルギー・ビールによくある「まったりした」味わいは、残留しているデンプン質が多いのだ。英語では、このような味わいのビールを full-body であるという。また、温度低下や発酵初期の酸素不足などの要因で、酵母の発酵が充分に行われないと、本来発酵しうる糖分を残したまま完成品となる。中には、意図的にある程度の糖分を残すビールも存在する。このようなビールの最終比重は高くなるというわけだ。

具体的にはどんな値かというと、次のようなものである。

初期比重：1.050　→　最終比重：1.012

この場合、酵母に食べられてアルコールに変わってしまった糖分に相当する比重の差は、

1.050 − 1.012 = 0.038

である。これをアルコール度に換算する簡易式は、比重の差を 0.0075 で割る、すなわちこの例では、

0.038 ÷ 0.0075 ≒ 5.0（Vol.%）

である。

したがって、最終比重（すっきり度）をそのままに、アルコール度を四・五％にしたい場合、麦汁の初期比重が 1.046 程度になるような濃度まで、水で薄めるのである。

モルトの量と仕込みによって、ビールのすっきり度、甘味、渋み、アルコール度が決まり、加えて、モルトの焙煎の度合いで、香ばしさや色の濃淡が変わる。これらの要素が調和しあうことによりビールの味の骨格がつくられる。

■発酵を担うデリケートな生き物——酵母

アルコール度を高くするには、単純に麦汁の初期比重を高くすればよさそうだが、実際はそう簡単にはいかない。酵母のアルコール耐性に限界があるからだ。ヨーロッパにはアルコール度が一〇％前後のビールがあるが、これらはアルコール耐性の強い種類の酵母を使用している。たとえば、スパークリングワインを造る酵母であれば十数％までのアルコールに耐える（もちろん、ウイスキーや焼酎のように高いアルコール度を得るには、酵母という生き物の力だけでは不可能で、蒸留装置を用いてアルコール度を高めていくのである）。

酵母はエール酵母とラガー酵母に大別されるが、それぞれ多数の種類がある。酵母はアルコールを造るだけではなく、有機酸やエステルなどの香りや味に関わる成分も生み出す。一般に、有機酸を多く造る酵母のビールはドライな味になり、エステルを多く造る酵母のビールはフルーティな風味に仕上がる。

ビールの素材はみな重要だが、酵母は生き物でとりわけ気むずかしい。同じレシピなのにうまく発酵が進まないこともしばしばだ。大手メーカーではコンピュータ制御で管理するが、小さな醸造所ではすべて人手で調整しながらの作業が多い。無事に発酵を終えた若ビールは、貯蔵タンクに移して低温でゆっくり熟成し、ビールは完成する。

晴れてできあがったビールも、酵母からみれば栄養を食い尽くした残骸にほかならない。周囲はすっかり自らの排泄物である炭酸ガスや、自分達「菌」の大敵であるアルコールに変化し、疲労困憊だ。だったらおとなしく寝ていてほしいものだが、そこが単細胞生物の浅はかさ(?)、ほっておけばモソモソと活動しつづけ、あげくに一部の酵母が自爆して細胞膜が破れ、そこから流れ出す体液を他の酵母が食べて生き長らえる、という「共食い」現象を引き起こす。この酵母の体液がビールに悪臭を与えてしまうのだ。活きた酵母が入ったビールを常温で放置したり、冷蔵庫内といえども長い期間保存すると、このような望ましくない変質が起きる。

また、ビール中には稀に酵母以外に、空中に自然に浮遊している乳酸菌が混入している場合もある(ベルギーには意図して乳酸菌を混入させる製法もあるが、日本ではあえてそのスタイルを真似たのでない限り、醸造時の雑菌管理に問題がある場合が多い)。乳酸菌が繁殖すると、ビールは次第に不必要な酸味をおびてくる。

これらを避けるために、のちに説明する「低温殺菌」という熱処理を行なう。美味しいビールのための酵母の役目は終わったのだ。

ただし、熱処理すべきでないビールもある。前述のヴァイツェンは、小麦のタンパクと活きた酵母が浮遊していることによる濁り、複雑で力強い味わいが特徴だ。酵母が止活すれば瓶の底に沈んでしまい、見た目も味も変化する。ヴァイツェンだけは、新鮮な「生」を楽しみたい。

また、ベルギーでよく見られる手法だが、酵母を後添加し、瓶にビールを充填してから酵母の活性によって発酵した炭酸ガスを溶け込ませる「瓶内熟成ビール」がある。最終工程の瓶詰めの前にビールをタンクごと（タンク間を熱交換器を介して移動させせながら）熱処理し、発酵や熟成のときに働いた酵母や雑菌はいったん死滅させるのが一般的だ。その後、瓶内にて、程よい炭酸ガスをつくれる程度の糖（酵母の餌）と、適量の生きた酵母を新たに添加して瓶詰めし、品質を保ちながら味わいや香り豊かなビールに仕上げる。

このような瓶内熟成ビールでは、ある程度のビール酵母がもちろん生きたまま出荷されるが、主発酵時の菌類は止活して、ビールの菌はかなりきれいな状態である。だが、このようなビールは三〇℃を簡単に超えてしまうような船底に置かれて運ばれるうち（コスト的に空輸は困難だから）、酵母が自滅をはじめ、好ましくない風味が出てくる。

輸入ものの瓶内熟成のベルギー・ビールで味が劣化しているものがあるが、これがその原因であることが多い。

■苦味のカナメ——ホップ

ホップの役割は、苦味を与える、香りを与える、泡持ちを良くする、殺菌作用などであるが、ここでは主に苦味に焦点をあてて、どのように苦味を設計するのかを具体的に説明しよう。

苦味は、ホップ中に含まれるα酸が麦汁の中で煮込まれることで異性化し、水に溶け込んだものである。ホップをかじると大変苦いが、ビールの中に溶け込ませるには一時間程度は煮込む必要があるのだ。ホップには産地によってさまざまな銘柄があって、その銘柄により、さらには毎年の出来ばえによっても、含まれるα酸の量は異なる。そこで通常、ホップ屋さんでは銘柄ごとにα酸の分量を重量%で表示している。

ビールの苦味を表す単位に、IBU（International Bitterness Unit）というものがある。日本の一般的なビールでは二五程度の値である。苦味の少ないヴァイツェンでは一八程度、苦味のあるピルスナーでは三四程度といった具合だ。

ホップに含まれているα酸が苦味成分としてどの程度抽出されるかを「抽出効率」といい、三〇%程度が標準値である。この抽出効率が一〇%と仮定したときに、一〇〇リットル中に含まれるα酸のグラム数がIBUの値である。

苦味に対するホップの量の計算例を、IBU二四の苦味で一〇〇リットルのビールを造る場合で考えてみよう。

抽出効率が一〇％ならば、二四グラムのホップが必要である。抽出効率を標準の三〇％と仮定すれば、α酸は八グラムでよい。わが社でたまたま使用しているカスケードというホップに含まれるα酸は五・四％と表示されている。したがって、このカスケードのみを使用する場合、抽出効率が三〇％であれば、8÷0.054≒148で一四八グラムのカスケード・ホップを投入すればよいことがわかる。

さて、ホップの苦味成分は酸であり、異性化させて水に溶かすにはせっせと煮込む必要があるが、ホップの香りは油脂なので煮込むと熱で飛んでしまう。そこで、香り用に使用するアロマホップについては、苦味用ホップとはまったく別に考え、煮込みが終了する直前または直後に投入する。ホップの種類と仕込みの組み合わせにより、さまざまな苦味と香りのビールのバリエーションを造りだせるというわけだ。

■低温殺菌技術とはどんなものか

第四章で、「生」の迷信について述べた。低温殺菌すると何が悪いのだろうか？　実は悪いことなど何ひとつないのである。

大手のビールメーカー同士で、「生」という表示が不当か否かという論争が盛んだった頃、国税庁醸造試験所で官能試験《テイスティング》による比較が行われた。その結果、熱処理の有無で味や香りに差は認められないという報告が出ている。訓練された鑑定官といえども、熱処理の有無を見分けることは困難。低温殺菌では味も香りも変わらないからだ。

逆に、低温殺菌しない活きた酵母が入ったビールは、冷蔵保管のうえ賞味期限を極端に短くせねば品質が変わってしまい、通常の物流に耐える商品としては扱えない。日本の小規模メーカーで低温殺菌を導入しないのは、資金または知識のどちらかがないのだと思う。あるいは、大手の宣伝によってすっかり誤解させられてしまった日本の消費者の関心を引くため、「生」と謳うことをやむを得ないと思っているのかもしれない。

では、本物のビールの味をまもる、正しい低温殺菌とはどんな技術なのだろうか。

外科手術でメスなどを殺菌するには「一〇〇℃で一五分保持」が必要である。しかし、ビールの場合は厳重な雑菌管理のもとに発酵が行われ、滅菌はビール酵母に限定しているので、そこまで徹底的な殺菌は不要である。

牛乳の低温殺菌を例にとろう。牛乳を温めるとタンパク質が熱で固まって「膜」ができ、変質したタンパク質は元には戻らない。八〇℃くらいであれば瞬間的に変質することはないので、温度を急に上昇させ、ねらった菌が数秒で死んだら急冷する。このような方法をフラッシュ・パストリゼーションと呼んでいる。対して、低温のパストリゼーションはタンパク質の変質が起こらない低い温度で行われる。六七℃よりも低い温度であるが、この場合、菌も簡単には死んでくれない。つまり、低温殺菌の効果は、温度と時間の積で決まる。

ビールでは、六〇℃に一分保って得られる滅菌の効果を一PU（パストリゼーション・ユニット）と呼ぶ。PUは、温度が上がると上昇し、六五℃ならば一分で五・二PUの効果が得られる。したがって、六〇℃で五分より、六五℃で一分のほうが効き目がある。雑菌のいないきれいな状態で造られたビールであれば二〇PU程度の低温殺菌で充分で、六〇℃ならば二〇分間保持すればよい。

フラッシュ・パストリゼーションでは、ビールを流量調整可能なポンプで別のタンクに移動する途中に熱交換器を二段置いて昇温・降温させる方法が一般的。低温殺菌では、蒸気室と水シャワー室を持ったスチーム・トンネル方式と、お風呂のような槽に商品ごと浸して槽内の湯（水）を循環させる湯煎方式がある。

低温殺菌を発明したのは、腐敗が微生物の仕業であることを発見し、発酵が酵母の生物活動であることをつきとめた人物でもあるフランスの生物学者パスツールだ。しかし、日本酒の蔵元も江戸時代から経験的に湯煎《ゆせん》による低温殺菌を行っていたのである。科学的な知識に基づかない低温殺菌が日本の「火入れ」の始まりであったためか、現在でも、勘に頼る火入れをしている日本酒メーカーは多い。そのせいで湯煎方式は馬鹿にされがちだが、熱交換率に優れ、装置が簡単なため、厳密な湯（水）の制御と温度測定装置を組み合わせることで非常に安価で確実な低温殺菌装置ができるのである。僕は独自にそのような低温殺菌装置を設計していたが、ちょうど同じ時期、米国の大手ビールメーカー研究所が同じ原理で実験をして良い殺菌データを出していた。同研究所の好意もあって、僕は実験に使われたものと同じタイプの低温殺菌装置を製造して実用化した。

ビールと健康

本書の冒頭にも書いたように、健康や美容の効用ばかりを求めて食べ物を取り上げるような風潮には正直に言って賛同できない。そんなふうに飲むには、ビールは素晴らしすぎる食文化なのだから。ただ、さまざまな研究の成果で優れた効能が明らかにされてきたことが、ビールの新たな魅力に光をあてていることもまた事実である。いくつかの情報を整理してみよう。

■ホップの力

ホップの香り成分には、次の五つの作用があると言われている。

一、鎮静作用
二、催眠作用

三、細菌繁殖を抑制する作用
四、女性ホルモンを補う作用
五、食欲増進効果

僕はビールを飲むと元気になってしまうので、一と二について語る資格はなさそうだ。三については、ホップがビールに使用された根本的な理由にほかならない。事実、ホップを放置していても、ほとんど雑菌がよりつかない。

さて、ここで注目したいのが四の女性ホルモンを補う作用。なんと、ホップには女性ホルモンと似た働きをする物質が入っているのだ。ドイツに伝わる話では、ホップ摘みの娘たちは作業にかかると決まったように生理が早く始まるという。また、ホップ農園で働く女性は年の割に肌がきれいだとも。これらは、ホップに含まれているフィトエストロゲンという物質の仕業だ。「フィトエストロゲン」は『生理・生化学用語辞典』（化学同人）によると、「植物に由来するある種の特異的なフラボノイド様の化合物で、ステロイドではないにも関わらず、発情ホルモン活性をもつ」もの、となっている。つまり、植物中に含まれる女性ホルモンのような物質で、体内で生成される女性ホルモンと同じような働きをするというのだ。

多くの研究から、フィトエストロゲンを含む植物を摂取するとエストロゲン（女性ホルモン）の持つ発ガン作用を抑制しながら、安全なかたちでホルモン効果をあらわすことが明らかになっている。

女性ホルモンは年齢とともに減少し、更年期の症状を引き起こす要因になると言われている。多量に摂取しては副作用があるが、ビールに含まれる程度の微量（フィトエストロゲンは煮込むと失われるので、アロマホップに含まれる分だけが効果をもつ）であれば、不足しがちなホルモンを補う効果が期待できそうだ。ビールを飲んで、より美しく、より健康的な更年期が迎えられればもうけもの！というわけだ。

また、二〇〇二年五月、キリンビールの研究所の発表によると、ホップの苦味成分イソフムロン類による血糖値上昇抑制作用、インシュリン抵抗性改善データなど、糖尿病とホップの関連の研究が進められている。

■ビール酵母①——ビール酵母はダイエットに効く？

ブームとなったビール酵母ダイエット。その方法はもう充分紹介されているので、ここではビール酵母に絞って、醸造家の立場から検証してみたい。

「ビール酵母」は、ビール醸造の副産物として出来てくるもの。ビールの発酵に用いたビール酵母は、発酵が終わると、当初の何倍にも膨れ上がって泥状に沈殿する。この泥状の、日本では「おり」と呼んでいるものが、ビール酵母である。製品としては「おり」からアルコールやホップの粕などの不純物を取り除いて乾燥し、酵母の細胞壁を壊して吸収しやすくしたり酵母臭と呼ばれる独特の香りを調整したりする。

ビール酵母はずいぶん以前から栄養補給剤、胃腸薬として売られていた。これが突然ダイエット食品に変身したのは、ビール酵母に含まれるビタミンB群の働きに注目が集まったからである。ビタミンB群には摂った栄養（カロリー）をエネルギーに変える作用があるのだ。

私たちが生きていくためにはエネルギーが必要だが、ビタミンB1は血中に吸収された糖を分解し、エネルギーに変えるのに必要な酵素類のもととなる。ビタミンB1は、体内でアリシンという物質と反応してアリナミンという物質に変化して体内に比較的長時間保持され、吸収されやすくなる（アリシンは硫化物なのでちょっと匂う。にんにく、たまねぎ、にら、長ネギ、らっきょうなどのユリ科に属する野菜に多く含まれる）。つまり、ビール酵母は単独でめざましい効果をもつというより、ほかの食品、とくにユリ科の野菜などと一緒に摂取すれば、糖代謝が促進され、疲労回復などに役立つというものだ。

さらに、ビール酵母には食物繊維も多く含まれており（約三〇％）、整腸作用がある。アミノ酸、核酸（代謝活性化）、カリウム（塩分排泄）、コリン（脂肪酸代謝）などミネラル分も豊富で、ダイエット中に起こりがちな栄養の偏りが是正され、空腹感が和らぐ、という効果も指摘されている。

結局、ビール酵母は「やせ薬」ではなく、ダイエットを補助するに過ぎない。有名なビール酵母ダイエットは、従来のヨーグルト・ダイエットをしている人が、ビール酵母を添加することで、体内エネルギーの消費を助けるメリットを得るものである。いずれにせよ、食事や運動によるダイエットをしなければ、効果は期待できないわけだ。

■ビール酵母②――ビール酵母は生がいい？

ビール酵母ダイエットのブームで、巷では一時期、在庫切れの状態になっていた。僕の醸造所にも「活きているビール酵母を買いたい」という要望が殺到した。どうも、ビール酵母については、「菌だから活きていた方が効く」という誤解が一部にあるようだ。

酵母が死んでいる場合に比べて、活きている状態でしか期待できない栄養分といえば、酵素くらいのものだ。明治時代には、この酵素の栄養についての研究もさかんに行われていたようだが、少なくとも現在のビール酵母研究では明確な効果は紹介されていない。

実際に、薬用または食用として利用されているビール酵母とは、死んだ酵母である。乳酸菌やビフィズス菌が生きたまま腸にとどくことによるメリットと違い、ビール酵母に期待されている栄養素を摂取するのであれば、死んだ酵母がよい。活きた酵母の場合は細胞壁がとても頑丈なため、摂取しても半数以上は胃の中では全く吸収されずに通過するという。ビール酵母の栄養素で注目されているビタミンB群やミネラルなどは、酵母が死んでいたほうが人間にとって吸収しやすいのだ。

つまり、酵母が活きたまま入っているビールより低温殺菌されたビールのほうが、（味わいは別として）ビール酵母に関する栄養的には優れているといえる。さらに、低温殺菌どころか、完全に濾過（除菌）されている大手の「生」ビールでは、いくら飲んでも酵母による栄養素の摂取はまったく期待できない。

ちなみに、活きた酵母は勝手に販売できないことになっている。活きた酵母があれば誰でもビール醸造が可能になるため、活きた酵母を販売するには「ビール製造免許」とは別に、「酒母（ビールの種）製造免許」が必要になる。酒税法で細かく規定が設けられており、免許を取るのは容易ではない。

■ビールのカロリーとは？

ビール酵母のイメージから、ビールはダイエットにいい、という俗説すらある。それはいかにも怪しいとしても、カロリー控えめを謳うライト・ビールやライト発泡酒が盛んに出ているが、それらの新製品ではいったいどれだけのカロリーをセーブできるのだろうか？

ビールに含まれるカロリーは、ビールに含まれる「アルコール」と「糖質」の合計で決まる。

さっそく具体例を見てみよう。当社のマスターブランドである《八千代ブロイ》の場合、三三〇ミリリットル瓶一本分のカロリーとその内訳（アルコール分：糖質分によるカロリーの割合）は次の通りである。

☆八千代ブロイ「ピルスナー」（三三〇ミリリットル一本あたり）
合計　一三三・六カロリー
内訳　アルコール分　四一・四カロリー（三一・〇％）
糖質分　九二・二カロリー（六九・〇％）

たしかに、本格的なビールのカロリーは低いとはいえない。だが、忘れてはならないのは、そもそもアルコール自体が高カロリー食品だということ。たとえば、アルコール分が五％のビール三三〇ミリリットルの場合、アルコール分だけで四一・四カロリーなのだ。アルコール分を低くせずに全体のカロリーを下げるには、糖質の部分をカットするしかない。

では、糖質が少ないビールとはどのようなものだろうか。糖質は、ビールのうまみ成分と大いに関係があり、一般的には、糖質分が多いほどうまみ成分が多くコクのあるビールとなる傾向がある。一方、糖質の少ないビールはどうしても淡白な味になりがちである（ベルギーの長期熟成による発酵度の高いビールなどは、糖質は少ないがアルコール度が高い別物）。

そうして糖質をカットし、いったいどのような効果が望めるだろう？　仮に、糖質を五〇％カットしても、三三〇ミリリットルでまだ九〇カロリー程度の熱量を含んでいるのだ。最近はアルコール度を低くしてカロリーも低い（アルコールは高カロリーなので当然だ）というビールも出た。だが、「カロリー控えめ！」のキャッチにあおられて、がぶがぶ飲んで大丈夫か。というか、満足度が低いのでより多くの量を飲むしかないのかもしれない（でも、酵母の含まれないビールなんか水代わりに一気飲みしていたら、これはまちがいなく太りますよ）。

ビールのアルコール度や糖質のバランスは何千年にもわたって培われたものだ。アルコール度や糖度を変化させる必然性や思いきったスタイルの転換（たとえば一八世紀のインディアン・ペール・エールのように）がそこにないと、どうしても味が犠牲になることは避けられないように思う。味のハンデを抱えてまで選択する価値があるものか、飲み方と相談して決めたほうが賢い。ライト・ビールの味が好みであればまったく問題はないが。要はビールに何を求めるのか、そして多様な選択肢から選べるかどうかであろう。

本当に美容と健康を考えるのなら、汗を流した後、酵母たっぷりのビールをゆっくり、香りとともに味わう。それが最高に幸せな方法であると、僕は自信を持っておススメする。

ビアライゼ株式会社
http://www.bier-reise.com/
〒276－0026　千葉県八千代市下市場 2－12－15
FAX 047－481－0577

全国地ビール醸造者協議会（事務局）
http://www.beer.gr.jp/
〒107－0062　港区南青山 5－4－35－910

青井博幸（あおい・ひろゆき）
1960年東京生まれ。京都大学大学院工学部修士卒業。大手エンジニアリング会社在勤中の海外生活で、世界のビール紀行と自家醸造を満喫。98年に人生航路を大転換、ブルワリー「ビアライゼ株式会社」を創業。本格的なヨーロッパスタイルの「八千代ブロイ」は高く評価され、宣伝なしで初年度から11万本のヒットとなった。現在は小規模メーカーのネットワークに力を入れ、地ビール・コンサルタントとしても活躍中。2002年6月より、全国地ビール醸造者協議会顧問。

新書y 067

ビールの力

発行日	2002年7月22日　初版発行
著者	青井博幸©2002
発行者	石井慎二
発行所	株式会社 洋泉社 東京都千代田区神田小川町3-8 〒101-0052 電話 03(5259)0251 振替 00191-2-142410㈱洋泉社
印刷・製本	図書印刷株式会社
装幀	菊地信義

落丁・乱丁のお取り替えは小社営業部宛
ご送付ください。送料は小社で負担します。
ISBN4-89691-647-6
Printed in Japan
洋泉社ホームページhttp://www.yosensha.co.jp